西峰油田增注提产实验与现场实践

黄　海◎著

中国石化出版社

图书在版编目(CIP)数据

西峰油田增注提产实验与现场实践 / 黄海著. —北京：中国石化出版社, 2020.9
ISBN 978-7-5114-5989-3

Ⅰ. ①西… Ⅱ. ①黄… Ⅲ. ①低渗透油层-油田开发-增注-实验-庆阳 Ⅳ. ①TE348

中国版本图书馆 CIP 数据核字(2020)第 177231 号

中国石化出版社出版发行
地址:北京市东城区安定门外大街 58 号
邮编:100011　电话:(010)57512500
发行部电话:(010)57512575
http://www.sinopec-press.com
E-mail:press@sinopec.com
北京艾普海德印刷有限公司印刷
全国各地新华书店经销
*
710×1000 毫米 16 开本 9.5 印张 203 千字
2020 年 10 月第 1 版　2020 年 10 月第 1 次印刷
定价:58.00 元

前　言

西峰油田地处甘肃省庆阳市董志塬上，是典型的低渗透油田，油田开发过程中出现严重的储层堵塞问题，导致注水压力上升快、注不进、油井产量低，以及酸化降压增注和压裂增产效果不明显、有效期短等问题。

为了有效解决西峰油田储层堵塞问题，笔者利用铸体薄片、扫描电镜、常规压汞、恒速压汞及核磁共振等实验手段和技术方法对西峰低渗透油藏储层特征进行了深入研究，分析了引起储层堵塞、造成现有酸化降压增注和压裂增产效果不佳的主要原因。在此基础上，提出了有机酸深部酸化解堵、前置酸压裂、空气泡沫驱三种增产改造和增能措施，通过大量室内实验对三种增产、增能措施进行了综合评价，并依据实验结果优化了工艺参数，为这三项技术的现场实施提供了坚实的理论基础和技术支持。

《西峰油田增注提产实验与现场实践》一书是笔者多年研究成果的全面总结，全书共分为九章，第一章主要介绍了低渗透油藏提高采收率技术的应用现状、存在问题与挑战；第二章详细研究和分析了西峰油田储层特征；第三章分析了西峰油田储层结垢规律及影响因素；第四章综合评价了西峰油田降压增注措施的效果；第五章通过实验研究了低渗透油藏注空气原油低温氧化影响因素和变化规律；第六章通过评价实验优选了泡沫体系的配方；第七章通过驱油实验优化了空气泡沫体系的注入参数；第八章针对空气泡沫驱过程中存在的问题筛选了耗氧催化剂；第九章设计了矿场先导性试验方案。

本书由“西安石油大学优秀学术著作出版基金”资助出版。成书过程中参考了国家自然科学基金项目“致密砂岩油藏复杂壁面裂缝内支撑剂耦合运移铺置行为研究与模拟(项目编号51874240)”、国家科技重大专项项目“致密气储层物理参数及孔隙动用界限研究(项目编号2016ZX05047003-004)”、陕西省教育厅重点实验室科研计划项目“鄂尔多斯盆地陕北地区致密油藏泡沫复合空气驱微观孔隙动用机制研究(项目编号15JS086)”的部分科研成果。同时在编写过程中，得到了西北大学孙卫教授，西安石油大学陈军斌教授、刘易非教授、徐建平教授、曹毅博士的指导和帮助，在此一并表示衷心的感谢。此外，对本书所引用的相关研究资料的著作者和相关研究人员表示感谢，由于篇幅有限，在此不能一一列举，深表歉意。

限于笔者水平，书中难免存在不妥之处，敬请读者批评指正。

目　　录

第一章 概 述

随着我国经济的持续快速、稳定的增长，我国对能源的需求量也越来越大，尤其是对石油战略资源的需求更是紧迫。随着中、高渗透储层产量的下滑，低渗透储层在我国石油工业中的地位越来越突出，如何高效、经济地开发低渗透油藏已成为关系到我国石油工业能否实现可持续发展的重要问题。

目前发现的低渗透储量中，特低渗透及超低渗透储量占有较大的比例；其中超低渗透($0.1\times10^{-3}\sim1\times10^{-3}\mu m^2$)储量占8.4%，特低渗透($1\times10^{-3}\sim10\times10^{-3}\mu m^2$)储量占37.6%，一般低渗透($10\times10^{-3}\sim50\times10^{-3}\mu m^2$)储量占54%。这些低渗透油田中岩性以砂岩为主，其中砂岩油田占70%，砾岩油田占10%，变质岩及石灰岩等特殊油田占20%。在近期探明储量和累计探明未动用储量中，低渗透储量占主要部分，说明当前我国动用和开发好低渗透储量十分重要。无论从低渗透油田划分标准上看，还是从我国动用及未动用储量看，低渗透油藏的高效经济开发具有典型的中国石油开采特色。

第一节 西峰油田开发问题及研究重点

西峰低渗透油田位于鄂尔多斯盆地西南部。鄂尔多斯盆地油气资源的开发经历了一个漫长的发展过程，从1907年陆上第一口油井至今已有100多年的历史，截至目前，注水开发是鄂尔多斯盆地各油田开发低渗、特低渗油藏所采用的最为广泛的开发措施。由于低渗透储层有着与中高渗透储层所不同的特征，使得在注水开发过程中普遍存在着原始启动压力高，注水井吸水能力低、注水压力上升快；压力传导率低、生产井见效慢、低压、低产现象严重等问题。

鄂尔多斯盆地又是一个水资源短缺的地区，人均和亩均水资源只有全国平均水平的50%和40%左右，水资源严重不足。而且水资源的时空分布很不均匀，石油开发地区水资源更加匮乏。油田全面开展注水开发后，需要大量的注入水。根据该地区石油生产发展历程，2012年，原油产量达到了5000万吨，按综合含水率50%计算，每年需要向地层注入1.2亿吨以上的水，加上油田开发过程中各种作业用水，每年对水的需求将超过2亿吨以上。同时油田注水开发产出大量的采油污水，这些采油污水中含有许多对环境有害的化学处理剂，使环境污染控制的压力越来越大。石油开发与水资源缺乏的矛盾将日益突出。

西峰油田是近年来国内已发现的少有的几个整装低渗透油田之一，对长庆油田上产、稳产具有重要意义。西峰油田地处伊陕斜坡的西南部，属三叠系延长组，主要生产层为长8层，平均孔隙度为10.5%，平均渗透率为$2.2\times10^{-3}\mu m^2$，属低孔低渗储层，但层内非均质性严重，微裂缝发育。为补充地层能量，科学高效地开发西峰低渗透油田，采取超前注水开发技术，进行大规模注水，以期保持油田处于稳定生产状态[7]。但开发几年来，由于无机垢堵塞储层孔隙造成注水井注入压力升高严重，由西峰油田各井区注水井投注前后压力对比表可以看出(表1-1)，目前平均注水压力由投注前的15.8MPa上升到20.4MPa，上升幅度达29%。因注不进水所造成的平均欠注率已达38.45%，部分井区甚至超过60%，严重影响了西峰油田油井的产量。为了解决上述问题，西峰油田虽然采取了土酸酸化、爆燃压裂、胍胶加砂压裂等措施，但是效果都不明显或者有效期较短。

所以在对西峰低渗透油田储层特征认识的基础上，深入分析导致西峰油田注水压力高、注不进，油井稳产时间短、产量下降快、降压增注、增产措施效果不明显等问题的原因，采取有针对性的、综合的改造措施，同时积极探求一种既能避免因入井流体不配伍而导致的储层堵塞现象发生，又能够保持地层能量，节约水资源，实现西峰油田长期稳定高效开发和该地区水资源可持续发展的有效开发措施。

表1-1 西峰油田各井区注水井投注前后压力对比表

井　号	董72-59	宁38-35	剖4-8	西25-017	西32-37	西41-033	西41-41	平均值
投注压力/MPa	12.6	17.6	16.0	20.4	14.9	16.5	12.5	15.8
目前压力/MPa	21.6	22.5	15.0	20.2	18.6	21.2	24.0	20.4
欠注率/%	12.73	35.07	22.72	70.35	25.37	63.27	39.66	38.45

针对以上问题应该开展以下几个方面的研究工作：

(1) 西峰低渗透油田储层特征研究。在对西峰油田地质构造和沉积特征了解的基础上，通过铸体薄片、扫描电镜、高压压汞、恒速压汞、核磁共振等实验分析手段对西峰低渗透油藏储层特征进行了详细研究，找出影响西峰低渗透油藏注水压力上升快、油井增产措施不明显的内在影响因素。

（2）西峰油田注入水与地层水配伍性研究。西峰油田目前主要采用注水开发方式，在对西峰油田地层水与注入水离子成分进行化验分析的基础上，通过结垢趋势预测、动态和静态模拟实验，深入研究无机垢对西峰油田注水压力升高的负面影响。

（3）西峰油田原油流变性及有机垢堵塞机理研究。为了研究西峰低渗透油田在注水开发过程中对储层温度的影响，进而导致的有机垢堵塞问题，在对西峰油田原油成分和流变性研究的基础上，对注水过程中储层的温度场进行计算，为后续解堵措施的选择提供依据。

（4）目前西峰油田降压增注、增产措施效果不明显原因分析。通过室内实验和理论分析手段对西峰油田目前所采用的酸化、压裂等增产措施有效期短、效果不明显的原因进行分析，并提出改进措施。

（5）西峰低渗透油田空气泡沫驱提高采收率实验研究。在室内采用填砂管长岩心模型对低渗透油藏空气泡沫驱提高采收率机理进行研究。包括空气与原油低温氧化反应机理、泡沫剂的筛选、空气泡沫驱稳油压水效果分析等。

（6）耗氧催化剂的筛选与效果评价。为了增强空气泡沫驱过程的安全性，选取四种耗氧催化剂，在室内对就其对氧化反应速率的影响程度进行了评价。

（7）西峰油田综合降压增产、稳油控水现场实施方案制定。结合室内的研究成果和现场情况对西峰油田实施有机酸酸化、前置酸压裂、空气泡沫驱油综合的降压增产、稳油控水的现场方案进行设计。

第二节 低渗透油田提高采收率方法

一、低渗透油藏注空气提高采收率技术

美国《油气杂志》每两年对世界范围内的提高原油采收率技术作一次总结，其报告中显示在国外注气已超过热采成为发展最快的提高采收率技术，领先的是美国和加拿大。在美国，主要是以 CO_2 驱为主导，因为美国有相当大的 CO_2 储量；加拿大天然气资源丰富，以烃类气驱为主。

在国内，近年来注气采油作为提高原油采收率的重要方法之一越来越受到人们的重视。与水相比，气体流动性强，更容易注入地层，又有降黏、体积膨胀、扩散、降低界面张力等作用。近年来大量的室内实验和现场应用已经证明注 CO_2、N_2、天然气和烟道气等是一种高效的提高采收率技术。但是国内由于存在气源不足及成本高等缺点，这些技术的应用受到了很大的限制，并没有大量应用

到实际油藏的开发当中。

注空气技术与其他注气技术有所不同，其使用的介质为空气，空气来源丰富、成本廉价，没有气源和成本限制，所以注空气技术近年来备受石油工作者的青睐。

轻质油藏注空气提高原油产量是一项富有创造性的提高采收率新技术。其不但具有传统的注气提高采收率机理，而且高压条件下空气与原油容易发生低温氧化反应，使原油的性质和地层温度发生变化。与其他提高采收率方法相比轻质油藏注空气技术有以下明显优势：① 空气可以注入水无法注入的低渗透油藏中，可以解决目前低渗透油藏注水困难的问题。②气体对储层的伤害小，可以解决一些水敏性油藏的开发问题。③注水开发后期，采用注空气方法利用气体重力分异作用可以改善油层低渗透部位的开发效果。在一些正韵律油层上部，可以依靠注空气开采出水驱难以驱动的部分剩余油。④空气来源广，不受地域和空间的限制，气源丰富，特别适合缺乏水资源的油田的开发。⑤因为主要的设备仅有空气压缩机，空气是免费的，所以注空气的操作费用比较便宜(国外现场试验资料报道注入成本约为 0.018 美元/立方米)。⑥油藏注空气对环境的污染小，可以缓解环境压力。

通过文献资料的调研发现，注空气技术用于油田开发已有很长的历史，最初用于维持地层压力，后来多用于重质油藏火烧油层。20 世纪 60 年代以来，注空气技术逐渐被推广到轻质油藏中。目前，轻质油藏注空气采油仍是一项提高采收率新技术。近年来，国内外现场试验均获得了明显的经济效益，很少发生作业与安全方面的问题。

1. 国外注空气技术应用现状

20 世纪 60 年代以来，以美国、加拿大为代表的发达国家，针对轻质油藏注空气提高采收率技术，在实验室效果评价、机理分析、油藏数值模拟等方面做了大量研究。并且在美国，该项技术已被列入国家能源部重点资助的提高采收率项目。同时经过多年的现场实施，注空气驱油的相关配套技术也逐渐完善。目前世界上大约有十几个中小油田正在采用注空气提高采收技术。

1963 年，在美国内布拉斯加州(Nebraska)的斯洛斯(Sloss)油田第一次开展了 HPAI 矿场实验，美国石油公司(Amoco)对一个埋藏深度为 1890m，油层厚度为 3.35m，平均渗透率为 $10\times10^{-3}\mu m^2$，油藏温度为 99℃的轻质油藏(38.8°API)采用正向燃烧和水驱相结合方法进行二次采油试验。这次试验采出原油 $15\times10^3m^3$，相当于五点法井网水驱后剩余油的 43%。1967 年，试验区面积从 $0.32km^2$扩展到 $3.9km^2$，原油产量增加 $84.32\times10^3m^3$。因为当时的原油价格仅为 3 美元/桶，所以这个项目并没有产生经济效益。

第二个应用注空气提高采收率技术的是美国密西西比州的海德堡(Heidelberg)油田。1971 年，海德堡油田的西部就开展了注空气维持地层压力项目。海德堡油田石油地质储量 27.74×10^4t。原始地层压力 35.2MPa，油层深度 3500m，油藏平均孔隙度 15%，主力油层平均渗透率 $65\times10^{-3}\mu m^2$。到 2007 年 1 月，海德堡油田累积注入空气 $4.4\times10^8 m^3$，累积增油量为 $230\times10^3 m^3$。尽管在开始注空气时原油的价格低于 4 美元/桶，但这个项目运行了 2.5 年后原油价格开始上升，该项目在技术上和经济上都取得了巨大的成功。

轻质油藏注空气提高采收率技术发展的一个重要的里程碑是 1979 年在南达科他州(South Dakota)威利斯顿(Williston)盆地的布法罗(Buffalo)油田开展的商业注空气二次采油项目[30,31]。布法罗油田发现于 1954 年，含油面积 $18.5km^2$，石油地质储量 79.28×10^4t。原始地层压力 24.82MPa，油层深度 2560m，油层平均有效厚度 4.6m，油藏平均孔隙度 18%，主力油层平均渗透率 $10\times10^{-3}\mu m^2$。到 2009 年 12 月，布法罗油田累积注入空气 $6.4\times10^8 m^3$，累积增油量为 $320\times10^3 m^3$。这个项目在技术上和经济上都取得了巨大成功。根据布法罗油田 HPAI 成功的经验，大西洋福田石油公司(Arco)等先后在与布法罗油田油藏性质相似的 MPHU (Medicine Pole Hills Unit)油田、HC(Horse Creek)油田、CC(Coral Creek)油田开展 HPAI 现场注气项目。这些项目都取得了良好的效果。

威利斯顿盆地注空气二次采油项目在商业上取得的巨大成功，促使了美国石油公司对路易斯安那州西南部的 WH(West Hackberry)油田的轻质油藏开展了注空气研究。这个项目是美国能源部“提高采收率技术研究与推广”计划所资助的项目之一。1994 年 11 月 WH 油田开始注空气试验，试验油藏有两类，一类是位于油田的西部，水驱后的高压油藏(17.4~22.9MPa)。注空气主要通过双驱替(DDP)作用来提高采收率。双驱替是指注入气体后通过重力排水而把水淹油藏中的油驱替出来。尽管没有注入充足的空气，油藏压力仍增加了 3.5MPa。对 WH 油田高倾高渗油藏的试验表明，用水驱采油，采收率为 50%~60%，用气驱采油，采收率高达 90%。另一类是位于油田的北部，两个带有气顶和薄油环的低压油藏(2.1~6.2MPa)，油藏深度 2286~2743m，为很陡的倾斜构造，两个油藏均为高渗透轻质油油藏。在 1997 年 5 月，最先采用注空气的两个低压油藏增加产量为 $24m^3/d$，高于当时产量的 60%。基于这样的注气结果，该公司将注空气项目扩展到油田其他条件相似的油藏中。

最近，在北海、印度尼西亚和阿根廷等地区，一些轻质油藏注空气提高采收率项目正在计划或已经开始实施。日本一个高倾角的油藏也进行了注空气提高采收率试验，获得了很高的采收率。

通过上述分析可知国外开展高压注空气技术研究非常早，在现场应用方面已经积累了大量的经验。目前注空气技术在世界上应用非常广泛，特别适合注水效果差或有一定倾角的油藏。由于该技术成本低，提高油藏采收率效果明显，带来了明显的经济效益和社会效益。

2. 国内注空气提高采收率技术应用与研究现状

自20世纪70年代以来，针对注空气提高轻质油藏采收率，我国在室内研究、数值模拟以及现场试验等方面做了大量的工作，并取得了一定的成果。先后在大庆油田、百色油田、吐哈油田、中原油田和延长油田等开展了注空气室内实验和现场注空气、空气泡沫驱油试验。

1982年6月和1983年5月，大庆油田在对小井距北井组萨Ⅱ$^{7+8}$正韵律油层进行了两次注空气试验。该油层平均有效厚度5.6m，平均孔隙度28.7%，原始含油饱和度87.2%，地层原油密度0.8g/m^3，原始地层压力10.6MPa，饱和压力9.3MPa。通过两次注空气试验，在一定程度上解决了注入水沿正韵律油层底部高渗部位突进问题，改善了上部油层的动用情况。

1996年9月，广西百色油田在百4块灰岩油层上开展了泡沫驱油先导性试验。该油层属于裂缝—孔隙型油层，平均埋深1310m，油藏原始地层压力13.43MPa，饱和压力7.06MPa，油藏温度78℃；含油面积1.8km^2，地质储量为169×10^{4}t，可采储量为38×10^{4}t，水驱最终采收率为22.5%。截至2004年8月，在百4块5口井上累计进行注空气泡沫试验31井次，注入泡沫液3.43×10^{4}m^3，累计注空气843×10^{4}m^3(地面体积)，累计增油1.48×10^{4}t，取得了预期的降水增油目的，投入产出比达到1∶6。

1999年，新疆吐哈油田与中国石油勘探开发研究院合作，开展了注空气的基础研究和室内实验。吐哈盆地的主力油田均为中孔、中低渗、层状砂岩轻质油藏，原油密度0.785～0.826g/m^3，孔隙度13%～16.3%，渗透率6.2×10^{-3}～90×10^{-3}μm^2，目前均已进入中高含水期。通过研究认为注气驱效率比注水驱效率提高17%。2004年9月“吐哈油田注空气可行性研究”成果通过验收。2005年吐哈油田勘探开发研究院对鄯善油田进行了注空气数值模拟研究，研究表明在鄯善油田水驱后和未水驱油藏中，空气注入油藏6～10天后原油均能发生自燃，气体突破达到生产井时，不会发生爆炸事故。

2005年12月至2006年5月，延长油矿在陕北吴旗油田旗胜35-6试验区进行了空气泡沫驱现场试验。吴旗油田位于陕北斜坡中部，地层倾角0.5°左右，主要产油层位是长6油层，孔喉组合以小孔细喉型为主，平均喉道半径1.04μm，空气渗透率0.88×10^{-3}μm^2，原始地层压力14.9MPa，地饱和压力为5.47MPa。该区块试验累计共注入空气71.6×10^{4}Nm^3(折合地下体积大约3300m^3)，累计注入泡沫活性水400～500m^3。通过注入空气-空气泡沫，地层能量得到了一定的补充，井组的自然递减速度得到了一定的控制，初步实现了稳产的目标。

2006~2007 年，中原油田对胡 12 块油藏进行了注空气室内实验和数值模拟研究。试验区块含油面积为 1.1km^2，地质储量为 112×10^4t，油藏埋深为 2205m，地层原油密度为 0.761g/cm^3，平均孔隙度为 20.8%，平均渗透率为 $300.8\times10^{-3}\mu m^2$，原始油藏压力为 22.3MPa，油藏温度为 87℃，原始油气比为 36.27m^3/m^3，饱和压力为 7.15MPa。从 2007 年 5 月开始，中原油田在胡 12 块 H12-152 井组进行了空气-空气泡沫段塞先导试验。现场结果表明，三个月空气泡沫调驱增油 12%以上，含水率降低 4%，试验过程未见生产井气体突破，没有发生安全事故。

注空气提高原油采收率技术存在诸多优点，是一种很有发展前景的提高采收率新技术。但是，对于我国的大多数非均质地层，易出现气窜和黏性指进现象。单纯注空气的驱油效率受到了限制，也导致了空气中的氧气易气窜到生产井引起一些安全隐患。油藏的非均质性对注空气提高采收率技术的影响通常有以下几点：油层的层间非均质性容易导致气体沿着连通性好、渗透率高的层迅速突进到生产井；油层的平面非均质性会造成气体在单一油层平面内沿着平面高渗透带迅速指进，导致低渗透带成为单油层内部的“死油区”；油层的层内非均质性容易导致气体沿着层内相对较高的渗透带突进，同一层中的其他部分没有被有效驱替形成“死油区”。所以油层的非均质性不仅限制了注空气的驱油效率，也导致气体快速突破，气体到达生产井时含氧量过高，造成生产井起火或爆炸事故。为了解决高压注空气开采时气体易气窜和黏性指进等问题，在注空气过程中加入泡沫体系，利用泡沫特殊的物理和化学性质，改进高压注空气效果，提出使用空气泡沫驱油技术。

空气泡沫驱油技术综合了空气驱油和泡沫驱油的双重优势，是一项富有创造性的提高采收率新方法，它不仅具有调剖和驱油的双重功能，而且还克服了空气驱易气窜的缺点。空气泡沫驱油技术成本低，安全可靠，适用的油藏种类、深度、范围较为广泛，尤其适用于高含水、非均质严重、存在裂缝或大孔道的油藏，是相对较廉价、具有很好发展前景的提高采收率方法之一。空气泡沫一个显著的特点就是低密度和高弹性，随着渗透率的增大，空气泡沫的表观黏度增大，可以有效地调整高低渗透层的流度差异，从而达到高低渗透层同时推进，可以实现地层等流度驱替，进而提高波及体积，延缓气体突破。因此，空气泡沫驱油可以有效地改善空气驱易气窜和波及体积小的缺点，是一种具有很大发展潜力的提高采收率方法。

二、国内外空气泡沫驱提高采收率技术

泡沫流体应用于油田提高采收率技术，已有 40 多年的历史。最初只是简单

的在气驱过程中加入表面活性剂水溶液，防止过早发生气窜。后来逐渐发展为复合泡沫，凝胶泡沫等提高注气采收率技术。近年来在注气过程中加入一定量的泡沫段塞提高注气采收率和泡沫驱成为提高油藏采收率研究的重点。大量室内实验研究及现场应用都表明泡沫具有较高的波及效率、驱替效率，是提高水驱后油藏采收率的有效方式。

1. 国外泡沫提高注气采收率技术应用研究现状

1956 年，Fried 首次开展了泡沫提高采收率方面研究。其研究结果表明：泡沫可以引起气相相对渗透率迅速降低，从而延缓了气体的突破。泡沫法提高采收率主要原因在于注入泡沫后气体渗透率快速降低。他认为泡沫能有效封阻气流，延缓气体突进。在弱泡沫的情况下，他观察到泡沫可以不断地破灭和再生。

1958 年，Boud 等申请了世界上第一份泡沫驱油的专利(US2866507)。1961 年，美国官方文献开始出现记载泡沫用于提高原油采收率的实例，这标志着泡沫驱矿场应用的开始。

1963 年，Bernand 等发现当有泡沫存在时，气驱效果明显增强。其研究表明：泡沫作为驱替剂，在只含水的松散砂中效果十分明显，而在只含油的松散砂中效果却不明显。泡沫可以提高气驱采油过程中的波及体积，这主要是因为泡沫可以选择性地降低油藏中的气体渗透率[41]。

1965 年，美国联合石油公司进行了泡沫驱油室内研究。其研究结果表明：模型注入泡沫后可将模型的含油饱和度降低到 11.8%。1965~1967 年，该公司在伊利诺伊州希金斯油田进行了一次矿场试验。其结果表明：泡沫驱过程中平均水油比从 15 降低至 12，而作对比的另一区块，同期平均水油比从 20 增加至 28。1976 年该公司又在这个油田进行了一次小规模泡沫驱现场试验，增油约 1.9 万吨。

1983 年，Mobil 公司开始在室内研究 CO_2泡沫驱油的工作。为研究 CO_2泡沫的封堵能力，评价泡沫驱油的经济性，该公司于 1991 年至 1992 年在西德克萨斯州的 Platform 碳酸盐储层中进行了矿场试验。试验采用两种不同的起泡剂，并且两种起泡剂采用不同的注入方式进行泡沫驱。试验结果表明：泡沫驱后生产井的产油量明显增加，产气量明显减少，泡沫的作用效果十分明显。

1991 年，美国新墨西哥石油研究开发中心(PRRC)和美国能源部在新墨西哥州东南部 Vacuum 油田进行了 CO_2泡沫驱试验。矿场试验结果表明，起泡剂在油藏中能够形成较强的泡沫体系，使 CO_2的流度降低了三分之一。通过不同浓度的泡沫驱试验表明，当起泡剂浓度降低至 100mg/L 时，仍具有很好的起泡作用。试验井组中含有 8 口生产井，其中有三口井产油量明显增加。

1994 年，英国、挪威分别在北海油田进行泡沫驱油试验。此次试验，评估了30多例重要的泡沫驱矿场试验。17例蒸汽泡沫驱矿场试验中，成功11例，失败3例，不确定3例；6例CO_2泡沫驱矿场试验中，成功2例，失败1例，不确定3例；5例天然气或N_2泡沫驱矿场实验中，成功1例，失败1例，不确定3例。可见，通过泡沫进行深部流度控制以提高采收率，其潜力要比水气交替注入更大。通过泡沫驱，生产井多产一桶原油，一般要花费5美元左右，可见泡沫驱是一种经济性较好的提高采收率方法。

另外，在阿拉斯加的Prudhoe湾油田、俄罗斯的老格鲁兹油田都进行过泡沫矿场应用研究，并且都取得了较好效果。

通过对国外泡沫提高注气采收率和泡沫驱技术的调研和分析后发现，国外对该技术的研究主要集中在起泡剂的筛选，泡沫在多孔介质中的产生及影响因素，泡沫在多孔介质的运移机理，并提出了相应的数学模型，通过建立模型来解释泡沫在多孔介质中的运移形态。国外对泡沫提高注气采收率技术进行了大量的现场试验，大部分都获得了很好的效果，证明该技术是一种经济性较好的提高采收率方法。

2. 国内空气泡沫提高采收率技术研究现状

自20世纪70年代以来，我国也进行了大量泡沫驱油方面的研究。研究内容主要集中在起泡剂的损失及其抑制、泡沫的稳定性和泡沫驱油机理等。目前，我国泡沫驱油技术还处于实验室研究和井组规模的先导性试验阶段，使用泡沫的主要目的是在气驱及混相驱过程中防止气体窜流，改善注入剖面，延缓气体突破。

1965年，玉门油田最早进行泡沫驱油试验。从1965年至1971年，在玉门老君庙油田和石油沟油田先后进行了9个井组10井次的现场试验，有6次试验效果明显。1979年，又进行了扩大的现场试验，试验以烷基苯磺酸钠为起泡剂，三聚磷酸钠为稳泡剂，累计注入起泡剂654t，稳泡剂172t。注入泡沫后18口生产井中仅有6口生产井的产量有所增加，而其他生产井效果并不明显。经过分析认为该区块水驱采出程度已经很高，波及体积也较大，泡沫体系的流度控制能力对于提高采收率的贡献不大[69]。另外，起泡剂在油藏中的吸附、沉淀损失较大，油井内层间窜流严重，这些原因都导致部分生产井增产效果不明显。

1971年，新疆克拉玛依油田在六区检8井组进行泡沫驱现场试验。起泡剂为烷基苯磺酸钠，气液比为1∶1，共注入起泡剂95.4t。注入泡沫体系后，高渗透层的吸水量明显下降，低渗透层的吸水量上升，见效井平均日产油量增加48%，含水下降27.7%，有效期26.6个月，共增产原油9900t，提高采收率6%~8%。

1988年，针对辽河油田稠油油藏实际情况，我国研制用于蒸汽开采稠油的耐高温起泡剂。自1990年起，先后在吉林扶余油田、辽河油田、胜利油田进行了现场试验，实验效果非常明显。1996年辽河锦45块N_2泡沫辅助热水驱油现场试验表明泡沫驱油效率不仅高于水驱，也优于三元复合驱，预计最终可以提高采收率25%。

1999年，张彦庆等对泡沫复合驱的注入程序、注入方式及段塞大小等重要因素进行了一系列的研究。通过大量的热处理模拟试验及物理模拟实验，证明气液交替注入时，注入段塞交替的频率越高、交替段塞越小，越有利于驱油效率的提高。

另外，如在国内高压注空气技术研究现状中所述，在泡沫提高注空气采收率方面，我国也进行了室内实验和现场试验研究。1982年，大庆油田在对小井距北井组萨Ⅱ$^{7+8}$正韵律油层进行了两次注空气试验。1996年9月，广西百色油田在灰岩油藏上开展了泡沫驱油先导性试验。2005年，延长油矿在陕北吴旗油田旗胜35-6试验区进行了空气泡沫驱现场试验。2007年，中原油田在胡12块H12-152井组进行了空气-空气泡沫段塞先导试验。这些试验都取得了成功，见到了明显的效果，为我国空气泡沫驱的现场应用积累了大量的经验。

通过国内的大量文献调研后发现，泡沫以其特有的性质在提高注气采收率方面具有一定的技术优势。在气驱过程中加入泡沫可以有效封堵大孔道，扩大气体的波及体积，提高驱油效率。空气驱时加入泡沫段塞可以有效延长气体突破时间，降低气体到达生产井时的含氧量，防止发生起火或爆炸事故。国内在泡沫提高注气采收率和泡沫驱方面进行了一些矿场实验，还没有大量应用于提高采收率技术中。随着我国提高采收率技术的迅速发展、驱油理论研究及实验研究的不断深入、表面活性剂工业的迅速发展进步，可以预料泡沫驱油提高采收率技术在我国将会有广阔的发展前景。

三、空气泡沫驱存在的问题与挑战

目前，空气泡沫驱提高轻质油藏采收率技术存在的关键问题主要有两点：氧气的消耗和研制与油藏配伍性较好的起泡剂。首先，注空气泡沫驱油过程中，在氧气消耗不完全的情况下，地层中的轻烃组分就会和氧气形成混合性爆炸气体，当混合气体到达生产井时，在生产井井口就有可能发生着火或者爆炸事故。所以应用空气泡沫驱时要求油藏原油要有一定的低温氧化能力，原油低温氧化消耗空气中的氧，有效降低了气体突破时生产井中气体的含氧量，保证注气的安全性。其次，由于空气和原油的流度比较低，使得注入空气前缘不稳定，注空气过程中易出现气窜和黏性指进现象，所以需要注入和油藏性质配伍性较好的泡沫，泡沫可以有效封堵高渗层，增加气体的波及体积，延缓气体突破，有效地增加了驱油效率，降低了突破气体中的氧含量。

本著作结合西峰低渗透油藏特点，针对西峰油田目前存在的问题，在解决其储层堵塞、压裂液伤害等问题的基础上，对目前空气泡沫驱过程中存在的关键问题进行了研究，希望可以为空气泡沫驱提高采收率技术在西峰低渗透油田的应用作出一些贡献。

第二章　西峰油田储层特征

第一节　区域地质概况

鄂尔多斯盆地是我国第二大沉积盆地，北起阴山，南抵秦岭，南北长770km；西至贺兰山、六盘山，东达吕梁山，东西宽490km，总面积$3.7\times10^5km^2$；地跨陕西、甘肃、宁夏、内蒙古、山西五省区；石油总资源量85.88亿吨，探明石油可采储量3.327亿吨。近几年，探明鄂尔多斯盆地石油地质储量、石油产量年均增长速度均居全国第一位，是建立石油生产基地的最有利地区[2]。“十二五”期间，鄂尔多斯盆地有望建成我国西部最大的石油生产基地。专家预测“继松辽盆地、渤海湾盆地之后，鄂尔多斯盆地将成为我国第三大油气区”。目前，鄂尔多斯盆地投入开发的油田的主要生产层为侏罗系延安组、直罗组和三叠系延长组油层。其中侏罗系油田年产油占全油田总产量的37.5%；三叠系延长组油田，年产原油占全部油田总产量的62.5%。侏罗系油田的主要产层为延2~延10层、直1~直4层，除马岭油田延9、延10层外，大都呈现出一些小而分散的油砂体，连片性差；油层埋深1000~2000m，储层属河流相沉积的低渗透砂岩层，多为亲水，低饱和岩性-构造油藏。三叠系是“九五”期间开始原油上产的主要层系，产层有长1、长2、长4+5、长6以及长7、长8、长9、长10，其中长6、长8油层分布面积大，油层埋深为1200~2100m，储层主要属湖泊三角洲沉积相的低渗-特低渗砂岩层，多为中高饱和岩性和岩性-构造油藏。

西峰油田位于鄂尔多斯盆地西南部(图2-1)，西自平凉，东达固城，北起洪德，南抵彬县，面积约$40000km^2$，为一平缓的近南北向展布的西倾单斜，倾角仅0.5°左右，平均坡降8~10m/km，局部发育鼻状隆起。该油田地处黄土塬区，井区周围沟谷纵横，山箭相间，地形十分复杂，地表起伏高差大，地面海拔1356~1368m，属典型黄土塬区。

第二节　地层沉积特征

1. 沉积物特征

西峰油田储层岩性主要为深灰色、灰绿色、暗黑色泥岩、粉砂质泥岩、泥质粉砂岩间互层与灰黑色粉砂质泥岩及灰黑色细—粉砂岩、细砂岩、中砂岩；碎屑岩成分有石英、长石和暗色岩屑，岩石成分成熟度低，结构成熟度低到中等。胶结类型有孔隙式、接触式和基底式等，岩石颗粒磨圆度为次棱角状，磨圆度差，分选差—中等，部分砂岩中见到少量泥质和粉砂质砾石，砾石直径一般为 2~3cm，最大者为 8~9cm。

2. 沉积构造

沉积物中层理发育且类型丰富多样，常见槽状交错层理、波状层理、水平层理、平行层理、包卷层理以及块状层理，可见滑动变形构造。泥岩、粉砂质泥岩中常见植物化石碎片、炭屑、煤线以及云母碎片沿层理面分布，这些碳化植物茎杆以新芦木为主，新芦木是一种亲水植物，代表了水下沉积环境(图 2-2~图 2-8)。

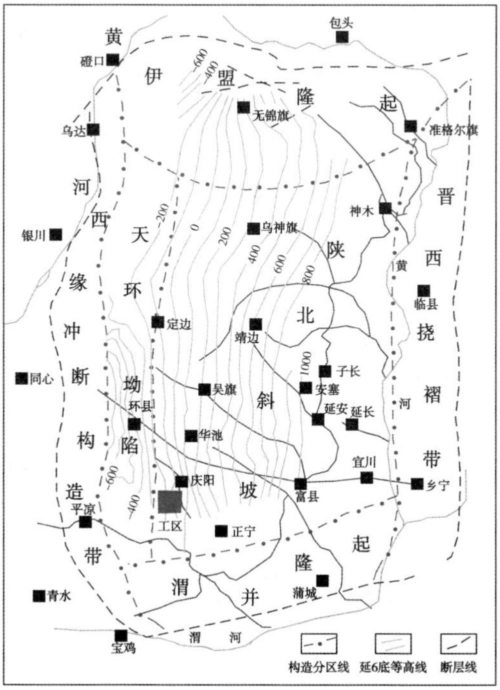

图 2-1　西峰油田位置及构造状况示意图

图 2-2　长 8 水下分流河道冲刷面、块状层理、板状交错层理

图 2-3　西 17 井、西 26 井河道砂岩中碳化新芦木化石

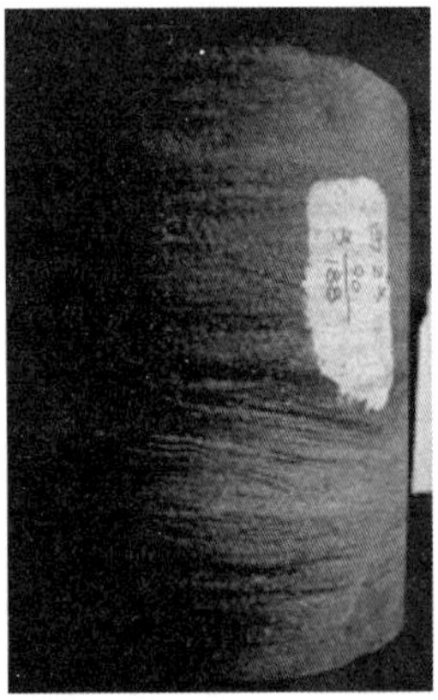

图 2-4　河口坝反粒序砂纹交错层理

图 2-5　河口坝重力变形层理

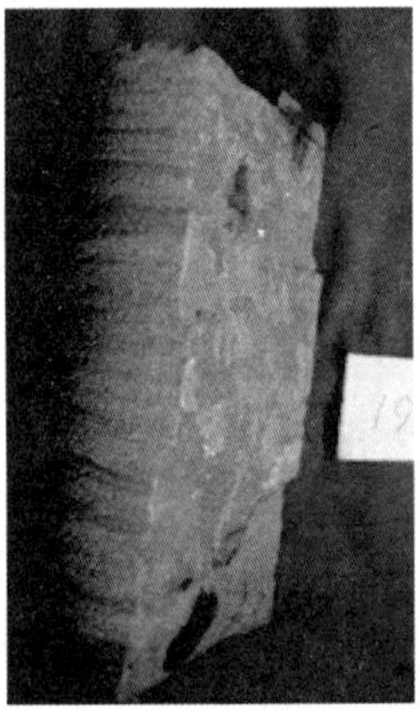

图 2-6　河口坝波状交错层理及垂直裂缝

图 2-7　西 19 井长 8_1 油层中的垂直裂缝

图 2-8　西 35 井波状层理

3. 粒度特征

粒度概率累积曲线多为三段式(由于环境变化因素，跳跃总体被分为两段)，以跳跃总体和悬浮总体为主(悬浮总体含量 10%～25%，跳跃总体与悬浮总体的节点在 2.25～3.2Φ 之间)，一般不存在滚动组分，具有水下分流河道的粒度特征(图 2-9)。

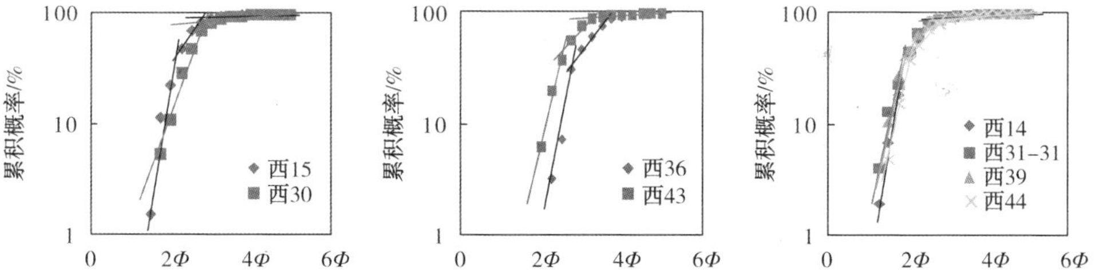

含中砂质细砂岩粒度概率图　　细砂岩粒度概率累积图　　中砂质细砂岩粒度概率累积图

图 2-9　西峰油田不同粒级砂岩粒度概率累积曲线特征

在 C-M 图上(图 2-10)，出现平行于 $C=M$ 线的带状，相当于 QR 段(递变悬浮段)，无 PQ、OP 段。由于沉积成岩后，其粒级细、孔隙半径小、泥质含量高，进一步说明西峰油田属远源沉积的陆相沉积区。

4. 沉积相带的平面展布

根据西峰油田已完钻井的岩心观察、电测曲线分析及对沉积相的解释，结合相序的变化，编制出油层组沉积相带展布图(图 2-11)。

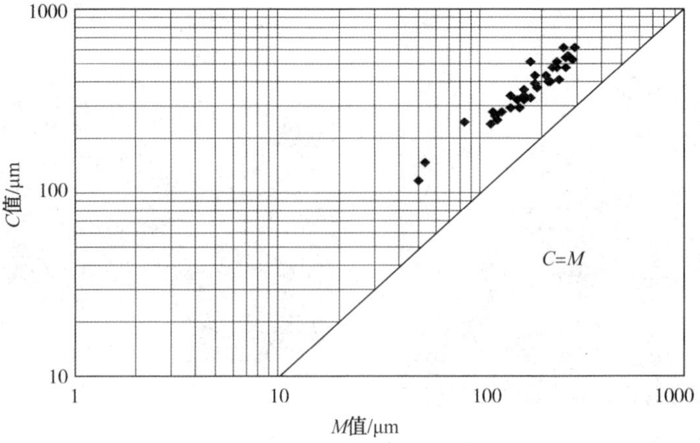

图 2-10　董志区长 8 油层 C-M 图

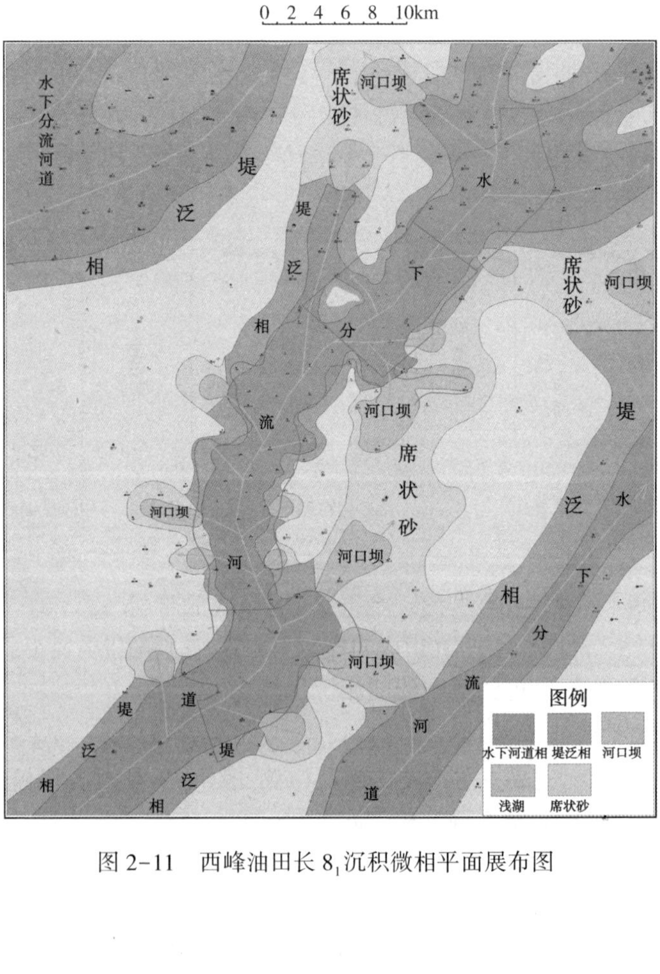

图 2-11　西峰油田长 8_1 沉积微相平面展布图

长 8_1 属浅湖沉积环境，以三角洲沉积体系中的前缘亚相沉积为主，发育水下分流河道、河口坝、天然堤及前缘席状砂沉积微相，水下河道主要为河道砂体及水下分流河道与河口坝砂的叠加体构成。西峰油田有四条河道，中部西 60—西 24—西 74—西 17—西 40 井河道，是主要的河道，宽度 8～15km，长度约 50～60km；董志区位于这支河道的南端，主河道位于西 61—西 24—西 36 井—白马区一线，在西 51、西 34 井周围发育河口坝；在河口坝的前端分布着前缘席状砂；堤泛相位于河道两侧，砂体的周边发育分流间湾，分流河道砂体是主要的含油砂体。

第三节　储层特征分析

一、微裂缝发育

低渗透砂岩储层尤其是特低渗透储层，岩石致密程度相应增加，脆性更大，在构造运动产生的外力作用下，易发育裂缝，形成裂缝性低渗透储层。这类储层在我国有大量发现，诸如长庆油田、延长油矿、克拉玛依油田乌尔禾油层、乾安油田、火烧山油田及丘陵油田等均属此类。

根据裂缝在储层中所起的作用，裂缝性储层可分为以下四类：

（1）第一类储层，裂缝提供了储层基本的孔隙度和渗透率。

（2）第二类储层，裂缝提供了储层基本的渗透率。

（3）第三类储层，裂缝提高了储层的渗透率。

（4）第四类储层，裂缝仅起到增加储层非均质性的作用。

我国裂缝性特低渗透砂岩储层一般为三、四类，即裂缝储集能力很小，仅能起到提高储层局部渗透能力或增加某一方向渗透率的非均质性。这是由砂岩中裂缝的发育特点所决定的。

从成因上看，天然裂缝可分为构造缝与非构造缝（成岩缝与沉积缝）两类。砂泥岩地层中主要发育构造缝，方向性明显，受古应力场控制。构造缝产状以高角度缝（>60°）和垂直缝为主，缝面新鲜，很少见油迹和充填物，说明在地下以闭合状态的潜在缝为主，压力恢复曲线反映为单一孔隙性介质，但在人工外力引导下这种潜在缝极易张开，转化为开启缝。裂缝性低渗透储层的研究，必须以裂缝研究为中心，从岩心裂缝观察和露头调查入手，以构造发育史及古应力场分析为基础，结合测井及动态资料，对储层中裂缝性质、规模、产状、地下状态、裂缝渗透率及可能对油田开采带来的后果进行详细分析，由此建立符合实际的裂缝地质模型。

鄂尔多斯盆地的低渗透储层普遍有微裂缝发育，无裂缝一般也就无产能。微裂缝发育，是特低渗透储层可动的基础。已有研究表明：对于特低渗透储层可动油饱和度与储层的渗透率、孔隙度均无明显相关关系，但与微裂缝发育程度(用裂缝孔隙度与基质孔隙度之比表示)呈线性相关，微裂缝越发育，可动油饱和度越高。特低渗透储层开发是否成功，很大程度上取决于对天然裂缝系统的认识和利用。

裂缝孔隙是西峰油田主要的孔隙类型之一。不管在岩心、薄片、工业、吸水指示曲线和压裂施工曲线反映上，都可以看到裂缝的存在。

岩心上观察到的裂缝有垂直裂缝、斜交裂缝和顺层裂缝。其中又以斜交裂缝中的高角度斜交裂缝最为发育，低角度的斜交裂缝不太发育；垂直裂缝在本区也很常见。根据西峰长 8 油层 33 口井岩心观察，有 14 口井见到裂缝，占 42.4%。在 14 口井中，见到垂直缝的 8 口井，多数为一条缝，缝长 30~100cm，开启缝宽 0.3~1.0mm。水平缝多为成岩缝，呈组合出现，出现水平缝的砂层厚度一般为 5~30cm，缝长小于 1cm，开启缝宽 0.3~0.6mm，裂缝密度 2 条/cm(图 2-12、图 2-13)。

图 2-12　西 19 井中的垂直裂缝

图 2-13　西 23 井中的水平裂缝

图 2-14、图 2-15 是西峰低渗透油田岩心薄片和扫描电镜分析照片，由照片可以看出：岩石类型为长石砂岩，胶结物成分主要为铁泥质，黑色或褐色的铁泥质及绿泥石等黏土矿物大部分充填于岩石颗粒之间，只有很少一部分依附于孔隙壁或裂缝边缘上。储层物性差，孔隙结构复杂，面孔率低，孔喉半径小，弯曲度大，以细孔细喉为主；基质渗透率低，微裂缝较发育，孔隙间起主要连通作用的不是孔喉而是微裂缝，裂缝的宽度为 10~20μm。通过薄片与电镜观察到的粒间微缝、溶蚀微缝多为开启缝，但规模较小，主要出现在河道砂岩与河口坝砂岩中。

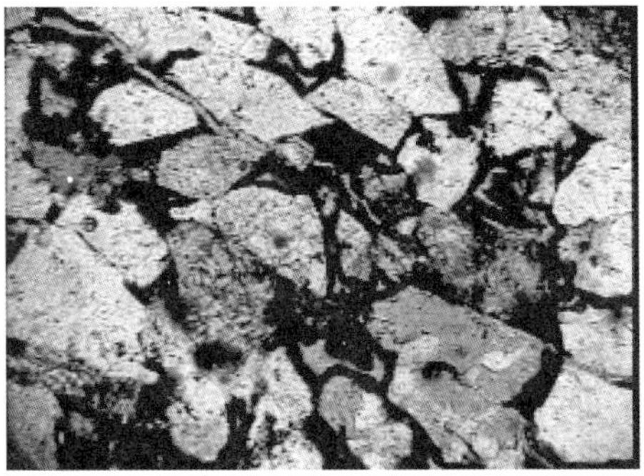

图 2-14　西 16 井微裂缝、沿微裂缝长石溶蚀

图 2-15　西 44 井长粒间缝将孔隙连通

图 2-16、图 2-17 是通过工业 CT 分析的微裂缝，该类裂缝主要出现细砂岩中，多为闭合缝。微裂缝越发育，渗透率越高。

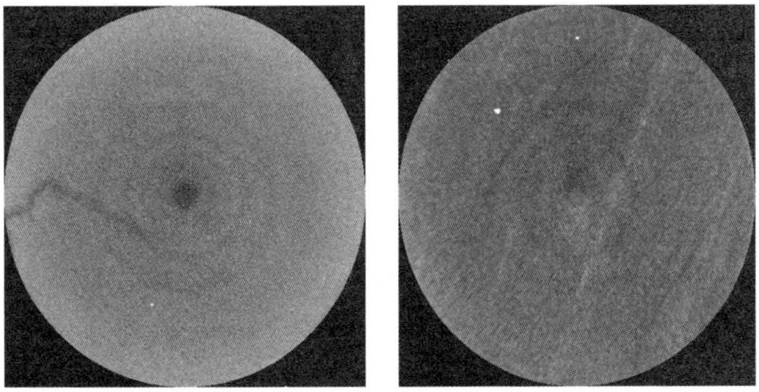

图 2-16　西 29-19 井工业 CT 反映裂缝特征

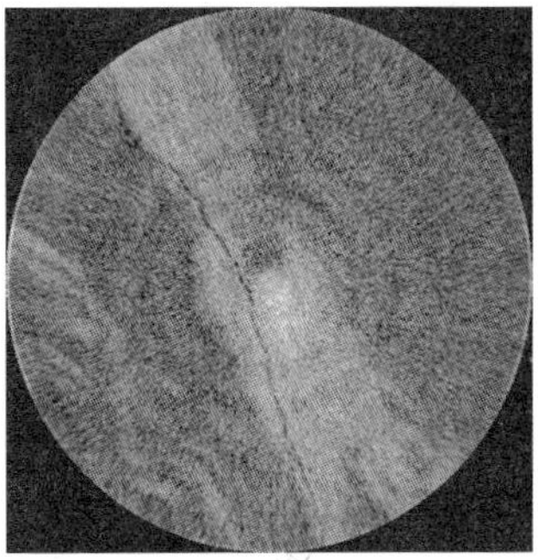

图 2-17　董 75-54 井工业 CT 反映裂缝特征

注水井日注水量与注水压力的关系曲线表现了注水井吸水指数的变化，当注水井段存在闭合性微裂缝，注水压力达到闭合裂缝开启压力时关系曲线表现出明显的拐点(图 2-18)。

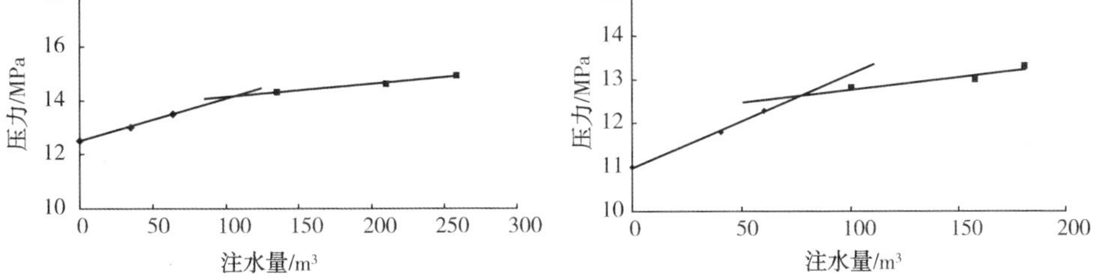

（a）西17井吸水指示曲线

（b）西24-27井吸水指示曲线

图 2-18　西峰油田吸水指示曲线

由此可见西峰油田微裂缝较发育，微裂缝的存在改善了储层的导流能力，但是在油田注水开发过程中也带来了一定的难度，比如水窜、水淹、底水锥进的等问题。

二、储层岩石学特征

1. 储层岩矿特征

岩石薄片镜下鉴定分析结果表明：西峰油区长 8_1 储层石英含量为 19%~41%，平均 28.25%；长石含量为 22.4%~47%，平均 33.25%；岩屑含量为 8.0%~32.8%，平均 20.36%，成分有火成岩、变质岩、沉积岩屑，其他成分含量 4.5%。从三角图可以看出其成分以岩屑长石砂岩为主，个别样品为长石岩屑砂岩和长石砂岩(表 2-1、图 2-19)。

表 2-1　西峰油区碎屑成分含量表

石英类/%	长石类/%	岩屑				其他/%
		火成/%	变质/%	沉积/%	合计/%	
28.25	33.25	9.73	10.12	0.51	20.36	4.5

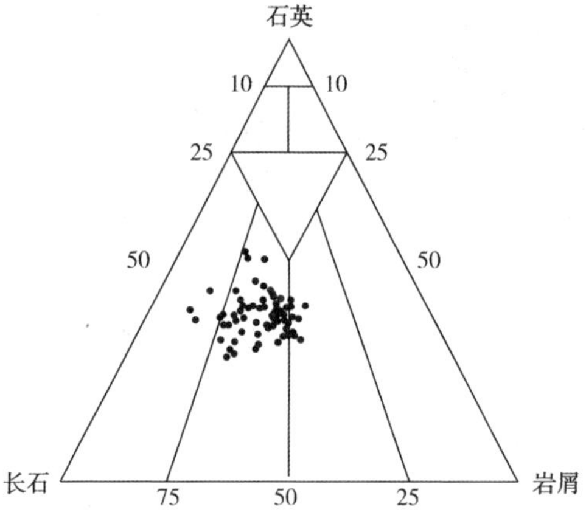

图 2-19　西峰油区砂岩成分分类图

粒度图像分析表明(表 2-2)，董志区以细砂为主，占 67.05%，中砂次之，占 24.3%。西峰油田长 8 油层的粒度中值为 0.02~0.26mm，平均为 0.16mm；标准偏差为 0.48~2.44，平均 0.82；偏度为 0.02~3.97，平均 0.5；峰度为 0.56~3.56，平均 1.24。因此说明，长 8 油层颗粒分选中等，属正偏态，峰度呈尖锐状。

表 2-2　西峰油田董志区薄片粒度分析统计表

粗砂/%	中砂/%	细砂/%	粉砂/%	泥/%	标准差	偏度	峰度	粒度中值/mm	颗粒总数
0.42	24.30	67.05	4.13	4.21	0.82	0.50	3.0	0.16	446

2. 填隙物成分、黏土矿物含量及分布特征

特低渗透储层中的胶结物主要以黏土为主。许多研究表明：特低渗透储层一

般黏土矿物含量达 5%~15%，高者可达 15%~20%，其在孔隙内的形态多为膜状、桥状、团状等多种形态。矿物组分有蒙脱石、高岭石、绿泥石、伊/蒙混层等，它们常常是水敏、盐敏、酸敏及水敏后速敏伤害的主要原因。一般而言，储层黏土矿物含量越高渗透率越低。黏土矿物含量从 5%增加到 10%，就可使渗透率由几百毫达西下降至几个毫达西[69]。

1）蒙脱石

蒙脱石的结构式为$[(Al_2)(Si_4O_{10})(OH)_2 \cdot nH_2O]$，它的基本结构层是由两个硅氧四面体片和一个铝氧八面体片组成，属于 2∶1 型层状硅酸盐矿物，其结构特点是单元结构层内的高价阳离子(Al^{3+}、Si^{4+})能被低价阳离子(Mg^{2+}、Ca^{2+}、Na^+等)部分交换，如 Al^{3+}被 Mg^{2+}置换，Si^{4+}被 Na^+置换。蒙脱石的晶格取代主要发生在铝氧八面体上，而硅氧四面体中的硅很少被取代，这种阳离子交换的结果：一是由于高价被低价置换后形成正电荷亏损，黏土带负电，需要吸附在晶格外表和晶格间的可交换阳离子(Mg^{2+}、Ca^{2+}、Na^+等)来中和平衡；二是阳离子交换后引起电荷不均衡，为阳离子交换提供十分有利的条件。当可交换阳离子主要为钠离子时，该蒙脱石称钠蒙脱石，当可交换离子主要为钙离子时，该蒙脱石称为钙蒙脱石。这此外还有氢蒙脱石、锂蒙脱石等。在这个基本结构层中，所有硅氧四面体的顶氧均指向铝氧八面体。硅氧八面体片与铝氧八面体片是通过共用氧连接在一起，由于蒙脱石的两晶层间为氧原子面相邻，仅有范德华力而无氢键力，联系力弱，所以允许这些阳离子带着大量水分和其他极性分子进入晶层，会引起晶格膨胀，是具有强烈膨胀性的含水铝硅酸盐。在扫描电镜下，蒙脱石多为蜂窝状、网状几何体，如图 2-20 所示，其阳离子交换能力强，遇淡水会强烈膨胀、裂开，在流体的流动冲击下，能沿着解理分开呈薄而弯曲的鳞片状。该形状抗凝聚作用不强，故多呈凝聚体伴随流体迁移，且无论在酸性还是碱性环境都是如此。

2）高岭石

高岭石的基本结构层是由一个硅氧四面体片和一个铝氧八面体片结合而成，属于 1∶1 型二八面体层状硅酸盐，其结构式为$[Al_4(Si_4O_{10})(OH)_8]$。在高岭石的结构中，晶层的一面全由氧组成，另一面全部由羟基组成。晶层间通过氢键紧密结合，水不易进入其中。高岭石很少被晶格取代，它属于非膨胀型的黏土矿物，在砂岩中多充填在粒间孔隙中，少数情况分布于砂粒表面，其形态特征为：单个晶体为六方板状，集合体多为书状和蠕虫状，如图 2-21 所示。晶格中几乎没有离子交换能力，水分子不易进入，因而比较稳定，往往不易分散。

图 2-20 伊/蒙混层微观结构特征

图 2-21 高岭石微观结构特征

3）伊利石

伊利石的基本结构与蒙脱石相似，也是由两个硅氧四面体片和一个铝氧八面体片组成，伊利石为云母类黏土矿物，其结构式为[$K_2(Al, Fe, Mg)_4(Si, Al)_8O_{20}(OH)_4 \cdot nH_2O$]，是 2∶1 型的层状硅酸盐，伊利石与蒙脱石不同之处在于晶格取代主要发生在硅氧四面体片中，约有 1/6 的硅为铝所取代。晶格取代后，在晶格表面为平衡电价而结合的可交换阳离子主要为钾离子，由于钾离子直径(0.266nm)与硅氧四面体片中的六方网格结构内切圆直径相近，使它易进入六方网格结构中而不易释放，所以晶层结合紧密，水不易进入其中，因此伊利石属于非膨胀型黏土矿物，伊利石层间距比较稳定，一般为 1.0nm。伊利石在扫描电镜下多呈桥接状、发丝状，碎片状、片状集合体，如图 2-22 所示，多为孔隙充填式分布于粒间或呈薄膜状包绕颗粒，遇水不膨胀，物理化学性质稳定，与盐酸不起反应。

4）绿泥石

绿泥石是一种特殊的 2∶1 层型黏土矿物，它不同于其他的 2∶1 层型黏土矿物的地方在于它的层间域为水镁石片所充填，水镁石片为八面体片，片中的镁为铝取代，使它带正电，它可代替交换阳离子补偿 2∶1 层型结构中由于铝取代硅后产生的不平衡电价。

绿泥石晶层间存在氢键，再加上水镁石对晶层间的静电引力，使绿泥石的晶层结合紧密、水不易进入其中，因此绿泥石属于非膨胀型黏土矿物，其层间物是一层氢氧化物八面体，结构式为$(Mg \cdot Fe \cdot Al)_6[(Si \cdot Al)_4O_6](OH)_8$，绿泥石中铁主要以 Fe^{2+}形式存在，有少量的 Fe^{3+}，绿泥石多分布在砂粒的表面，少量分布于粒间，形态多为叶片状，少量为绒球状，玫瑰花状，如图 2-23 所示。

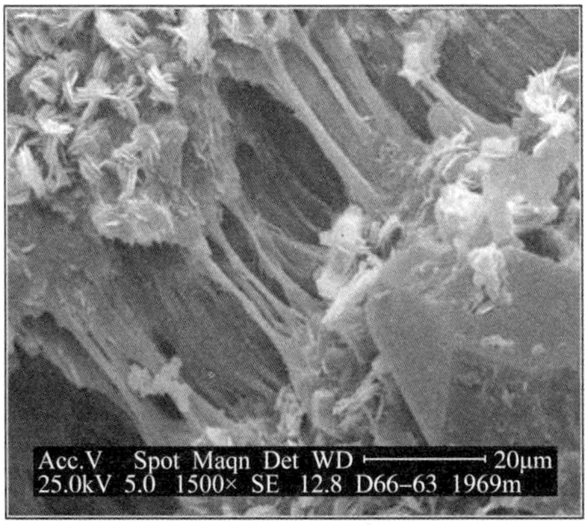

（a）桥接状伊利石

（b）桥接状伊利石

（c）毛发状伊利石

（d）片状伊利石

图 2-22　伊利石微观结构特征

不同的储层矿物会对储层开发带来不同的影响，各种储层矿物与敏感性如表 2-3 所示。

为了对鄂尔多斯盆地低渗透储层中岩石矿物种类、含量有一个较为清楚的认识，我们选取了六个样品进行了 X 衍射分析，分析结果如表 2-4 与表 2-5 所示。

由表 2-4 与表 2-5 可以看出六个样品的岩心碎屑中石英含量均在 25% 以上，相对较低；黏土矿物绝对含量均大于 12%，相对较高。一号岩心黏土相对含量高达 66%，以伊利石、高岭石为主，敏感性以速敏为最大；二号至六号样品黏土矿物中绿泥石相对含量最大均超过 45%，潜在敏感性以酸敏为主；三号至六号样品均含有蒙脱石，具有水敏的潜在威胁。所以，在选择针对西峰油田低渗透储层的开发方式及增产措施时要充分考虑到黏土矿物这一重要因素。

（a）片状绿泥石

（b）花瓣状绿泥石

（c）花朵状和绒球状绿泥石

（d）绿泥石包壳和衬垫

图 2-23 绿泥石微观结构特征

表 2-3 黏土矿物基本特性及潜在影响

矿物类型	产　状	形　态	敏感性	潜在影响	不适合的作业环境
蒙脱石	充填，衬垫	蜂窝状，网状	强水敏	膨胀分散	淡水，碱性水高速流体
伊利石	搭桥，充填，衬垫	发丝状，碎片状，片状	速敏	微粒运移	淡水，碱性水高速流体
绿泥石	栉壳环边，充填，衬垫	叶片状，绒球状，玫瑰花状	酸敏	氢氧化铁沉淀	盐酸，氢氟酸
高岭石	充填	六方板状，书状，蠕虫状	水敏，盐敏，速敏，碱敏	微粒运移	高速流体碱性流体

续表

矿物类型	产　状	形　态	敏感性	潜在影响	不适合的作业环境
伊蒙混层	衬垫	似蜂窝状	水敏，盐敏，速敏，碱敏	膨胀分散	淡水高速流体
绿蒙混层	衬垫	似蜂窝状	水敏，盐敏，速敏，碱敏	膨胀分散	淡水，盐酸高速流体

表 2-4　西峰油田储层岩心 X 衍射分析数据报告

样品编号	1	2	3	4	5	6
矿物名称或化学式	含量/%(质量分数)					
伊利石	29	4	—	4	7	7
蒙脱石	—	—	3	2	4	4
绿泥石	—	8	7	9	12	13
高岭石	37	—	5	—	—	—
石英	27	37	26	28	41	43
菱铁矿	2	—	—	—	—	—
白云石	3	—	—	—	—	—
正长石	—	8	13	9	—	—
斜长石	—	32	34	28	30	28
方解石	—	5	8	18	4	—
铁白云石	—	3	—	—	—	3
未检出	2	3	2	2	2	2

表 2-5　黏土矿物成分分析结果表

样品编号	黏土矿物含量/%	黏土矿物相对含量/%			
		蒙脱石	伊利石	绿泥石	高岭石
1	66	—	43.9	—	56.1
2	12	—	33.3	66.7	—
3	15	20	—	46.7	33.3
4	15	13.3	26.7	60.0	—
5	23	17.4	30.4	52.2	—
6	24	16.7	29.2	54.2	—

三、储层孔隙结构特征

低渗透储层基质的一般特点是低渗透率、低孔隙度、孔喉结构特征差异大。但是不同地区渗透率相接近的特低渗透油藏在开发动用难度和生产特征上存在很大差异，究其原因，主要是微观孔隙结构不同所致。不同低渗透油藏的开发特征表现出的差异与岩石物性、孔隙结构复杂程度有密切的关系。为了深入研究西峰低渗透储层的孔喉特征，采用常规压汞和恒速压汞方法，对孔隙结构进行了详细分析。

选取 30 块低渗透岩心样品的常规压汞数据及毛管压力曲线，分别计算它们的均质系数、平均喉道半径、相对分选系数、主流喉道半径，计算结果如表 2-6 所示。

表 2-6 岩心样品的孔隙结构参数

样品号	渗透率/$10^{-3}\mu m^2$	均质系数	平均喉道半径/μm	相对分选系数	主流喉道半径/μm
1	8.99	0.13	2.23	0.83	1.08
2	2.28	0.20	1.18	0.91	0.58
3	2.26	0.28	0.89	0.62	0.50
4	2.16	0.21	1.11	0.77	0.53
5	1.75	0.22	1.00	0.70	0.38
6	1.69	0.26	0.76	0.66	0.41
7	1.33	0.20	0.78	0.80	0.37
8	1.07	0.15	0.63	0.89	0.30
9	0.664	0.28	0.52	0.64	0.22
10	0.635	0.29	0.46	0.55	0.26
11	0.617	0.23	0.42	0.65	0.12
12	0.485	0.29	0.38	0.58	0.24
13	0.456	0.11	0.73	0.87	0.32
14	0.407	0.21	0.25	0.68	0.13
15	0.318	0.11	0.47	0.87	0.19
16	0.312	0.21	0.32	0.66	0.16
17	0.281	0.20	0.27	0.59	0.15
18	0.205	0.28	0.28	0.56	0.14
19	0.193	0.26	0.18	0.54	0.07

续表

样品号	渗透率/$10^{-3}\mu m^2$	均质系数	平均喉道半径/μm	相对分选系数	主流喉道半径/μm
20	0. 155	0. 23	0. 21	0. 55	0. 06
21	0. 154	0. 24	0. 22	0. 56	0. 08
22	0. 117	0. 27	0. 18	0. 55	0. 07
23	0. 104	0. 20	0. 13	0. 57	0. 07
24	0. 089	0. 22	0. 15	0. 56	0. 08
25	0. 056	0. 25	0. 17	0. 56	0. 06
26	0. 051	0. 3	0. 09	0. 52	0. 05
27	0. 031	0. 27	0. 16	0. 96	0. 01
28	0. 028	0. 19	0. 48	0. 86	0. 18
29	0. 018	0. 35	0. 26	0. 93	0. 03
30	0. 011	0. 30	0. 86	0. 90	0. 41

根据表2-7喉道半径级别划分标准，由表2-6的计算结果可以看出该油藏的总体微观特征：30块岩心均为特低渗透岩心，渗透率范围从 $0.011\times10^{-3}\mu m^2$ 至 $8.99\times10^{-3}\mu m^2$；主流喉道半径小于平均喉道半径，表明数量较多的细小喉道对渗透率的贡献较大；整体均质系数较小，反映出喉道偏离最大喉道的程度严重；相对分选系数整体较高，均在0.50以上，表明喉道相当分散，微观非均质性强。根据《中华人民共和国石油天然气行业标准油气储层评价方法》(SY/T 6285—1997)，砂岩和碳酸盐岩含油储层喉道类型可根据平均喉道半径(R_c)分为五级(表2-7)。

表2-7　喉道半径级别划分标准

平均喉道半径 R_c/μm	$R_c \geqslant 50$	$10 \leqslant R_c < 50$	$5 \leqslant R_c < 10$	$1 \leqslant R_c < 5$	$R_c < 1$
评价	粗喉	中喉	较细喉	细喉	微细喉

该区块平均喉道半径最大为2.23μm，最小仅为0.09μm，属于细喉道和微细喉道储层。

常规压汞不能区分喉道、孔隙。恒速压汞从三个方面对岩样内部的喉道发育特征进行分析：一是喉道半径大小及其分布特征；二是喉道个数；三是喉道体积；四是孔喉半径比等。喉道半径越大表示渗流的通道越宽，喉道个数越多表示渗流的通道个数越多，喉道体积是喉道半径大小、喉道个数等的综合反映。

下面是恒速压汞下不同渗透率储层喉道半径特征(图2-24~图2-27)。

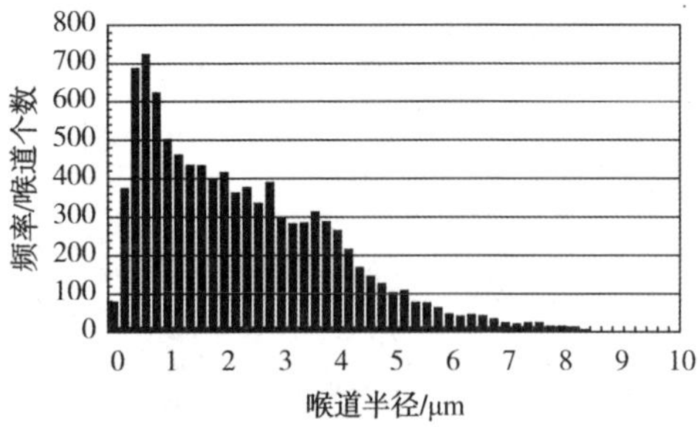

喉道半径分布频率（φ =11.97%、k=4.47）

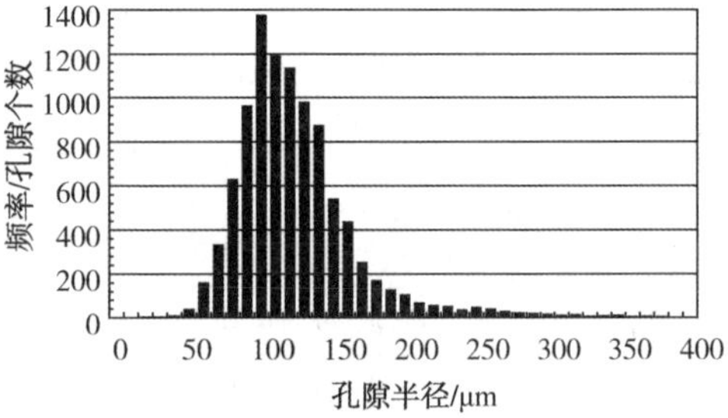

孔隙半径分布频率（φ =11.97%、k=4.47）

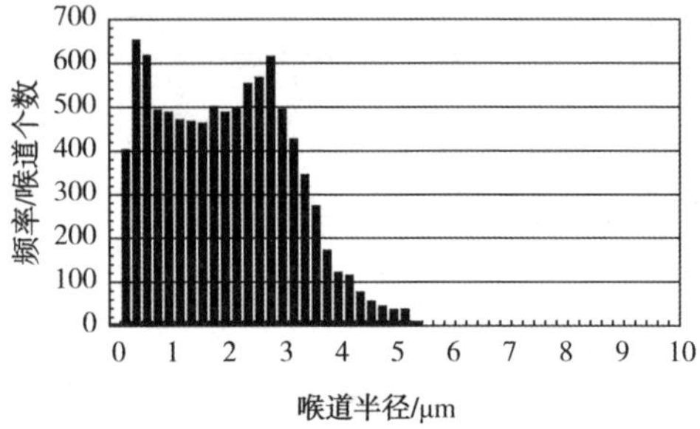

喉道半径分布频率（φ =12.39%、k=3.58）

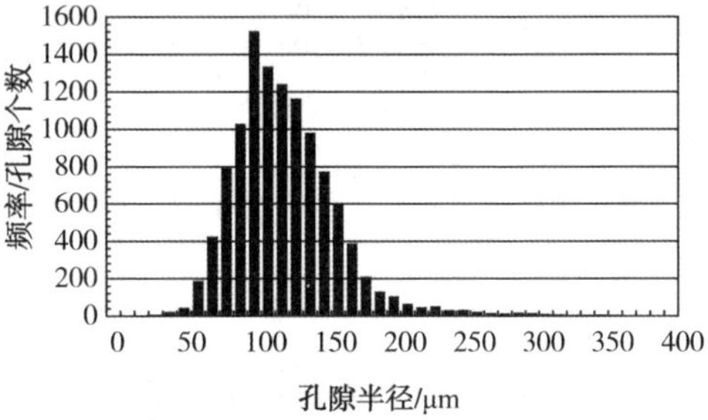

孔隙半径分布频率（φ =12.39%、k=3.58）

图 2-24　渗透率(3~5)×$10^{-3}\mu m^2$孔、喉半径分布频率图

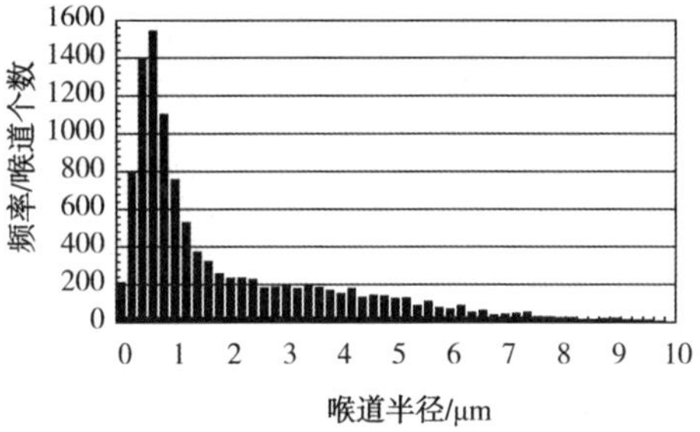

喉道半径分布频率（φ =13.5%、k=2.19）

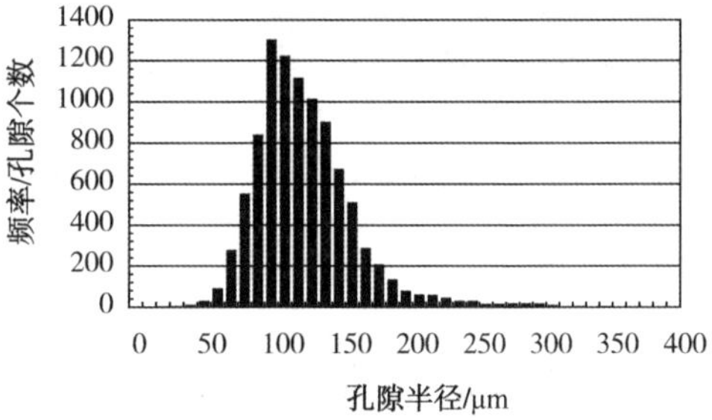

孔隙半径分布频率（φ =13.5%、k=2.19）

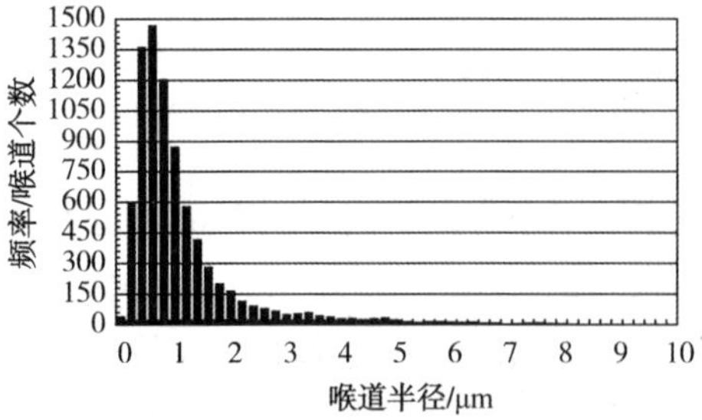

喉道半径分布频率（φ =10.86%、k=1.0）

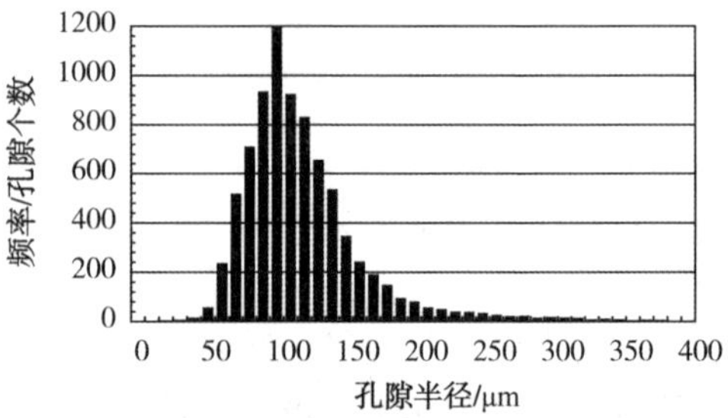

孔隙半径分布频率（φ =10.86%、k=1.0）

图 2-25　渗透率(1~3)×$10^{-3}\mu m^2$孔、喉半径分布频率图

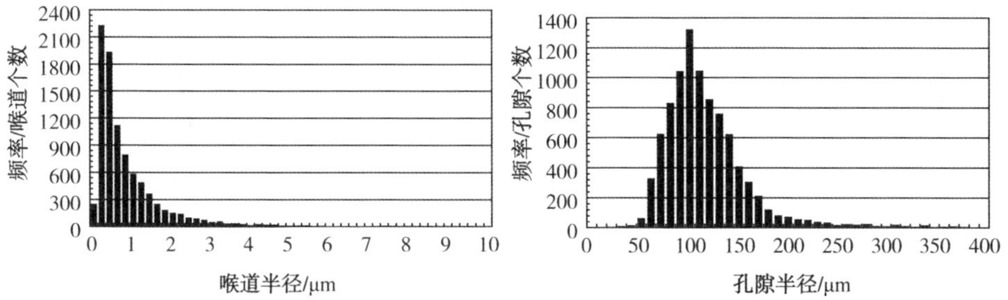

喉道半径分布频率（φ =11.52%、k=2.19）　　孔隙半径分布频率（φ=11.52%、k=0.51）

图 2-26　渗透率(0.5~1.0)×10^{-3}μm^{2}孔、喉半径分布频率图

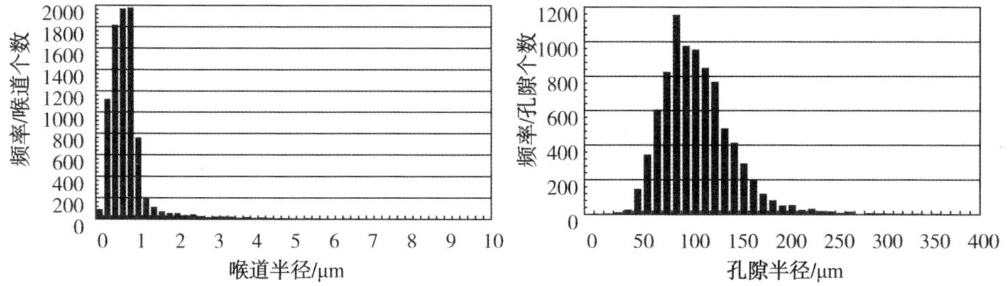

喉道半径分布频率（φ =10.65%、k=0.43）　　孔隙半径分布频率（φ =10.65%、k=0.43）

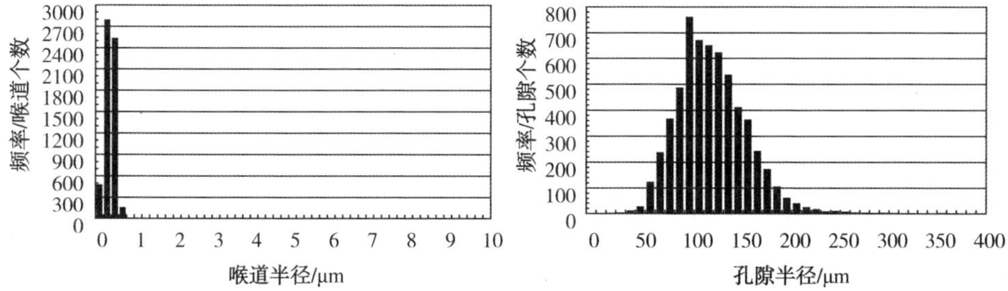

喉道半径分布频率（φ =12.7%、k=0.24）　　孔隙半径分布频率（φ =12.7%、k=0.24）

图 2-27　渗透率小于 0.5×10^{-3}μm^{2}孔、喉半径分布频率图

从图 2-24~图 2-27 对比可以看出：储层物性越好，喉道半径分布范围大，从细喉到粗喉均有分布。随着物性变差，分布范围变窄，细喉占的比例增加，粗喉占的比例明显减少，而孔隙半径的变化不大，说明影响储层渗透率的主要因素是喉道的大小及个数。董志区以 0.5×10^{-3}~1×10^{-3}μm^{2}的孔、喉半径分布频率特征为主，平均喉道半径为 0.58μm，孔隙半径为 128μm，有效孔喉半径比为 221。

根据长 8 储层铸体薄片、常规压汞曲线、恒速压汞综合研究，结合岩石的物性参数，可以看出该特低渗透储层的孔隙结构复杂，残余粒间孔以及粒内溶孔比较发育，喉道细小、狭窄，连通性差，孔喉结构出现细喉峰突出，而大孔道峰不明显，这与中、高渗透储层相反。细喉道为主，导致了储层对液相伤害、固相伤害都敏感。外来固相的伤害非常严重，这其中除了熟知的颗粒状固相外，最重要的是纤维素、聚合物的伤害。

四、储层非均质性特征

1. 平面非均质性

以西峰油田董志区长 8_1 储层为例，单块样品孔隙度为 7.0%～16.7%；单井孔隙度为 8.42%～11.2%，平均 9.86%，大于 10.0%的范围主要分布在西 24、西 56、西 33 等井区。单块样品井渗透率为 $0.1\times10^{-3}\sim24.8\times10^{-3}\mu m^2$；单井渗透率为 $0.29\times10^{-3}\sim1.34\times10^{-3}\mu m^2$，平均 $0.7\times10^{-3}\mu m^2$，大于 $1.0\times10^{-3}\mu m^2$ 的范围主要分布在西 129、西 159 井区。

从储层物性平面展布图(图 2-28、图 2-29)可以看出，孔、渗在平面上的分布与砂体的展布一致，即水下河道发育，砂层厚度大的区域孔隙度、渗透率相对高，而水下河道不发育，砂层厚度薄的区域孔隙度、渗透率相对低。

从渗透率频率分布图(图 2-30)也可以看出，董志区渗透率集中分布在 $0.110^{-3}\sim1\times10^{-3}\mu m^2$ 之间，其中渗透率小于 $0.3\times10^{-3}\mu m^2$ 的占 46.25%，大于 $1\times10^{-3}\mu m^2$ 的仅占 14.6%(表 2-8)。从孔隙度频率分布图(图 2-31)可以看出，大孔隙(大于 12%)占的比例较少，小孔隙占的比例较大(表 2-9)。

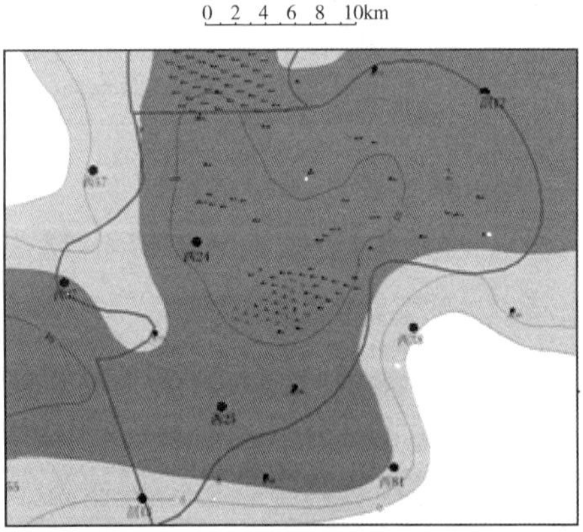

图 2-28　西峰油田董志区长 8_1 孔隙度等值图

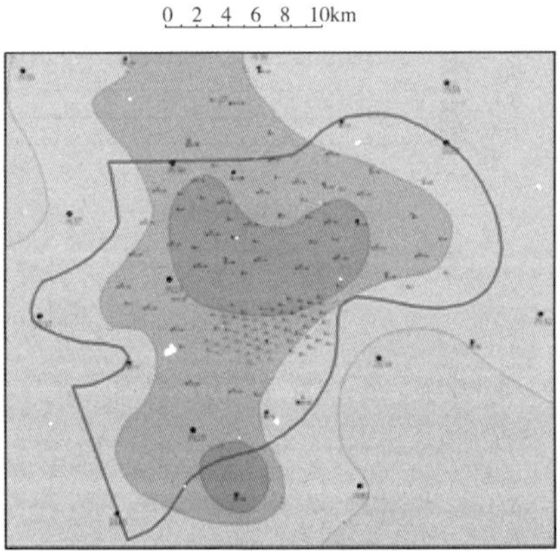

图 2-29　西峰油田董志区长 8_1 渗透率等值图

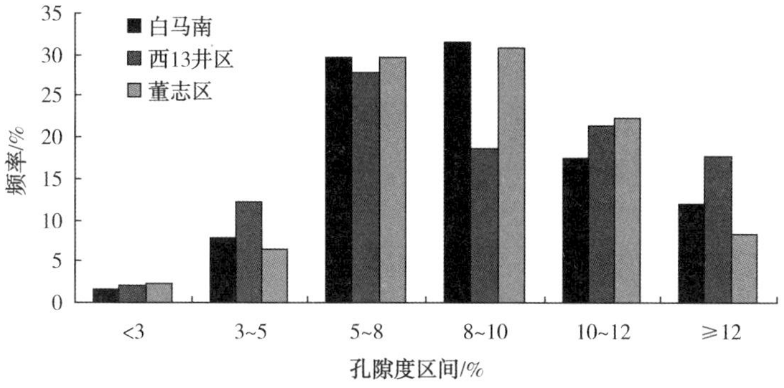

图 2-30　西峰油田董志区渗透率频率分布图

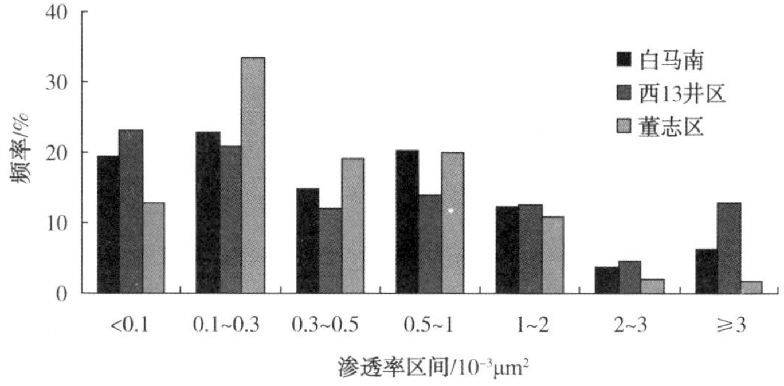

图 2-31　西峰油田董志区孔隙度频率分布图

表 2-8　西峰油田董志区渗透率频率分布表

渗透率区间/$10^{-3}\mu m^2$	<0.3	0.3~1.0	>1.0
频率	46.25	39.15	14.6

表 2-9　西峰油田董志区不同孔隙度区间含量表

孔隙度区间/%	<8	8~12	>12
频率	38.43	53.3	8.26

2. 层内非均质性

层内非均质性主要用以描述单个储层内部的物性变化，影响砂层内部物性变化通常有粒度结构、沉积结构、杂基与胶结物含量的变化等。通过统计，董志区长 8_1 渗透率突进系数为 1.5~38.47，平均 7.78，突进系数大于 4 的井点占 37.5% 以上，级差 3.0~415，平均 61.72。

同时从图 2-32 中可以看出，董志区变异系数 0.565，为非均质型。

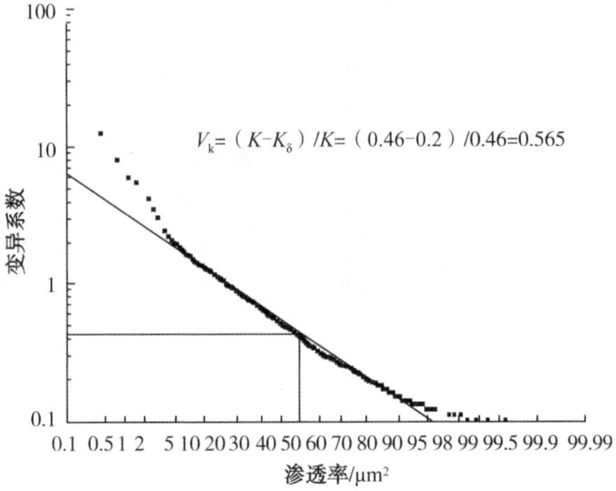

图 2-32　董志区渗透率变异系数图

3. 层间非均质性

层间非均质性表示纵向上单个油层之间的物性差异，主要是渗透率的非均质性。

分层系数是指被描述层系内砂层的层数。分层系数愈大，层间非均质愈严重，开采效果一般越差。统计表明，董志区长 8_1 油组单井砂层数为 1~12 个，平均为 6.7 个/井。

砂岩密度是指剖面上砂岩总厚度与地层总厚度之比，以百分数表示，它反映了纵向上各单层砂岩发育程度的差异。统计表明：西峰油田长 8_1 油组小层在纵向上的分布存在差异性，长 8_1^2 小层发育好于长 8_1^1 和长 8_1^3 小层，各小层砂岩密度统计结果如表 2-10 所示。

表 2-10　西峰油田董志区各砂体中砂岩密度统计表

区　块	层　位	长 8_1^1	长 8_1^2	长 8_1^3
董志区	最小值	0	13	0
	最大值	68	98	85
	平均值	32	76.8	34

4. 储层隔、夹层特征

1）夹层

根据岩心、电测曲线资料，董志区夹层普遍发育，各小层夹层分布参数统计见表 2-11，夹层根据岩性可分为两种基本类型：

泥岩夹层：夹层由泥岩组成，是河道切割或垂向叠加形成的间隙残留泥岩，不具渗透性。

钙质夹层：由河道切割叠置后在河道顶底部形成的钙质胶结带。其渗透性一般较差，渗透率小于 $0.1\times10^{-3}\mu m^2$。

从各砂层中砂岩的夹层统计表(表 2-11)可以看出，董志区长 $8_1{}^1$、长 $8_1{}^3$ 夹层分布局限，砂岩发育区，夹层发育，占 97.4%。长 $8_1{}^1$ 主要以泥质夹层为主，长 $8_1{}^3$ 钙质夹层发育。长 $8_1{}^1$ 有夹层井平均层厚度 2.5m，平均夹层个数为 1.7 个；长 $8_1{}^3$ 以泥质夹层为主，但占的百分数相对长 $8_1{}^1$ 较低，夹层厚度平均 2.0m，夹层个数平均 1.4 个；长 $8_1{}^2$ 砂体夹层分布较广(占 97.4%)，平均夹层厚度 4.8m，平均夹层个数 3.3 个。

表 2-11　西峰油田董志区各期砂岩夹层统计表

区块	层位	统计井数/口	存在砂岩井占比/%	无夹层井占比/%	泥质夹层占比/%	钙质夹层占比/%	有夹层井平均夹层数/个	有夹层井平均夹层厚度/m
董志	长 $8_1{}^1$	77	83.12	35.06	63.64	24.68	1.7	2.5
	长 $8_1{}^2$	77	100	2.60	87.01	71.43	3.3	4.8
	长 $8_1{}^3$	77	72.7	32.47	16.88	64.94	1.4	2.0

受沉积环境的影响，夹层在横向上分布不稳定，规律性差，难以追踪，在砂岩中多呈透镜状分布。从各期砂体夹层平面分布图可以看出，在砂岩主体带部位夹层厚度相对较大，砂体两侧夹层厚度变薄(图 2-33)。

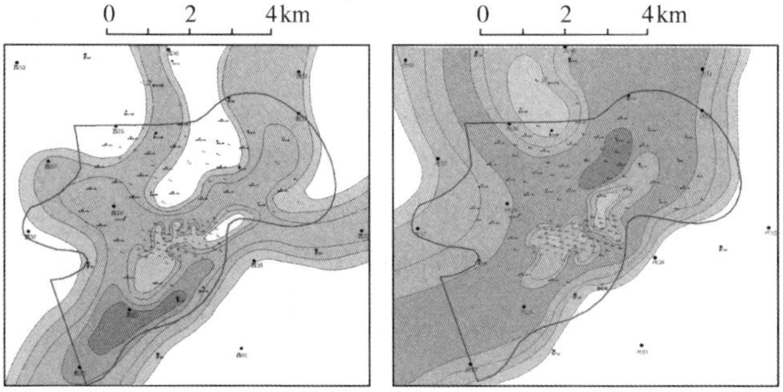

图 2-33　西峰油田董志区长 $8_1{}^1$ 夹层等厚图

2) 隔层

隔层是指油气田开发过程中对流体具有隔挡作用的不渗透或低渗透岩层，其横向连续性好，能阻止砂体之间的垂向渗流。隔层主要以泥质类为主，包括少量的粉砂质泥岩，对地下水运动起遮挡作用。

泥质隔层分布更普遍，每口井都出现，从长 8_1^1与长 8_1^2、长 8_1^2与长 8_1^3小层之间隔层分布图可以看出(图 2-34、图 2-35)：砂岩分布区内各小层间隔层的分布由河道沉积向河道两侧厚度逐渐增大的趋势，即主河道中河道下切摆动较大，形成的隔层不稳定，厚度薄，延伸短，而边部受切割影响较小，形成厚的隔层。总体上来说，董志区非均质性较强。

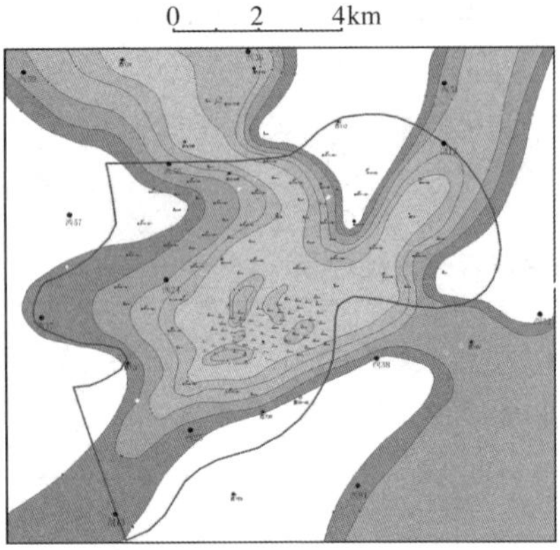

图 2-34　西峰油田董志区长 8_1^1—长 8_1^2隔层等厚图

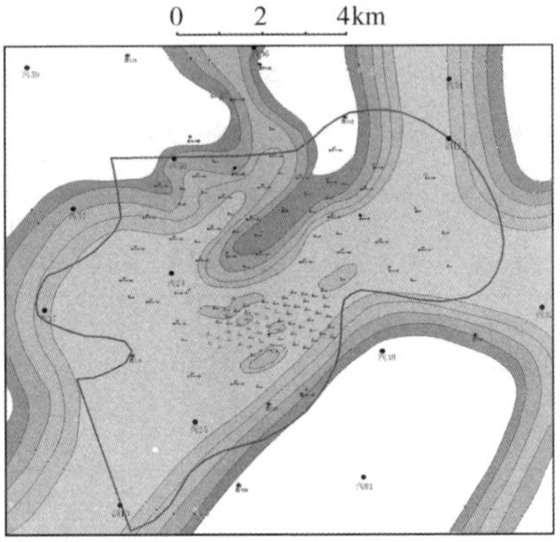

图 2-35　西峰油田董志区长 8_1^2—长 8_1^3隔层等厚图

五、砂体形态及油层分布

西峰低渗透油藏长 8_1地层厚度为 35～42m，平均 40.5m，岩性主要为黑色泥岩、页岩、灰黑色粉砂质泥岩及灰黑色细—粉砂岩、细砂岩、中砂岩，表现为上部以泥岩为主，下部以砂岩为主。顺河道砂体呈条带状展布，延伸较远；横切河道砂体，呈土豆状分布，延伸短。砂体在平面上的展布与沉积相带一致，呈南西—北东方向，为比较明显的条带状，主砂体带位于西 61—西 113—西 56 井—白马区一线，厚度均在 15m 线以上，在西 32 井附近河道向东有一分支与东部西 78—宁 4—板桥支流交汇(图 2-36)。西峰低渗透油藏砂层厚度为 4.2～38.5m，平均 21.3m。

油层的分布与砂体的分布一致，砂层厚度大的地方油层厚度也相对较大，平均油层厚度 15.7m(图 2-37)。通过对董志区完钻的 14 口直井油藏埋深统计，顶深 1910m，底深 2065m，平均油层中部深度 1982m，油层底界深度 1995m。

六、储层核磁共振可动流体饱和分析

核磁共振测试是有效判别储层流体可动程度的评价技术。通过储层孔隙流体中氢核 NMR 信号观测，分析对比弛豫时间在 T_2谱上曲线形态特征，判别测量岩石表面孔隙度与孔隙流体特性，获取储层有效孔隙度、渗透率、峰值、可动流体和束缚流体体积等与储层物性、微观孔喉结构特征和产能有关的储层地质信息。

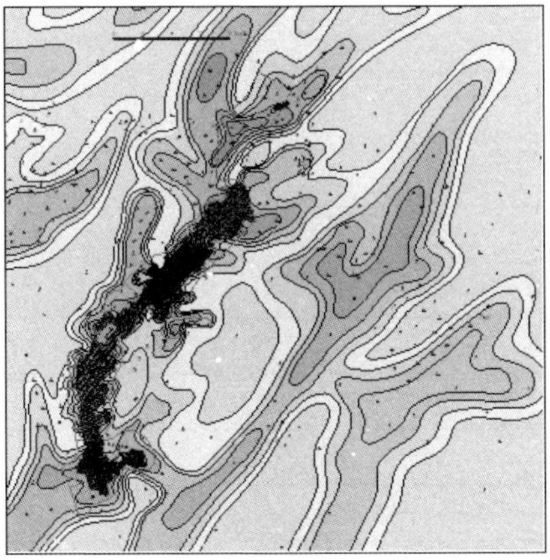

图 2-36　西峰油田长 8_1砂体平面展布图

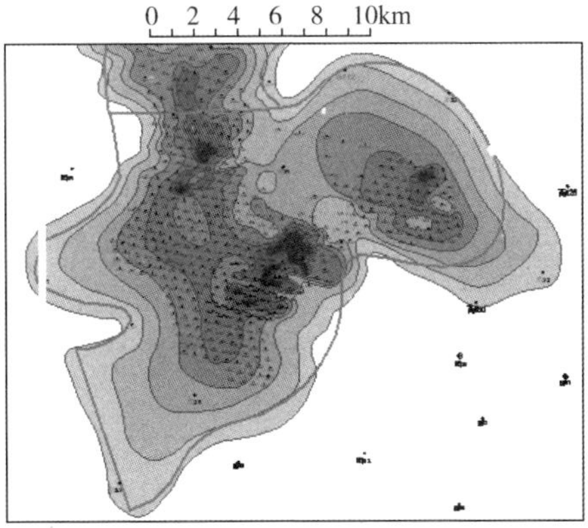

图 2-37　西峰油田长 8_1油层等厚图

岩样孔隙内流体(水或油)的 T_2 弛豫时间大小取决于流体受到孔隙固体表面作用力的强弱。当流体受到孔隙固体表面的作用力很强时，流体处于束缚或不可动状态，称之为不可动流体，此时流体的 T_2 弛豫时间很小。反之当流体受到孔隙固体表面的作用力较弱时，流体处于可动状态，称之为可动流体，此时流体的 T_2 弛豫时间较大。因此核磁共振 T_2 谱反映流体的赋存状态，可动流体含量高低是岩石内孔隙大小及其形态、黏土类型及其含量、孔隙固体表面性质等的综合反映。

根据国内外油气田开发生产的经验，如果单以可动流体饱和度高低为标准，可以将储层好差划分为五类：可动流体饱和度大于 65%的是 I 类(好)储层；可动流体饱和度介于 50%～65%之间的是Ⅱ类(较好)储层；可动流体饱和度界于 35%～50%之间的是Ⅲ类(中等)储层；可动流体饱和度介于 20%～35%之间的是Ⅳ类(较差)储层；可动流体饱和度小于 20%的是Ⅴ类储层(很差，近似为干层)。

依据上述参考标准，从表 2-12 中西峰油田 3 个区块核磁共振实验数据表可以看出，所检测的 17 个岩心可动流体饱和度平均值为 46.94%，介于 35%～50%之间，可动流体孔隙度为 5.45%，对应的储层应属于中等储层。

通过分析可动流体饱和度、可动流体孔隙度与有效厚度的关系发现，随着有效厚度的增大，可动流体饱和度和可动流体孔隙度都减小(图 2-38 和图 2-39)，而在前面的分析当中，有效厚度的增大，绿泥石薄膜厚度也随之增大，而绿泥石薄膜厚度的增大，说明岩石颗粒表面吸附重油和沥青质的厚度增大，进而导致孔隙的降低，可动流体流动的空间减少，可动流体孔隙度和可动流体饱和度降低。

表 2-12　西峰油田三个区块核磁共振实验数据比较表

井区	层位	井号	深度/m	水测孔隙度/%	气测渗透率/$10^{-3}\mu m^2$	可动流体饱和度/%	可动流体孔隙度/%
庄 58	长 8_1	庄 58	2022.63	14.11	0.34	30.31	4.28
		西 248	2003.75	11.92	0.33	46.97	5.60
		西 250	2057.36	10.00	0.11	31.55	3.15
		西 255	2036.43	14.90	0.47	30.27	4.51
		西 256	1894.86	9.60	0.14	46.78	4.49
		西 259	1996.3	13.06	1.84	51.97	6.79
平均值		—	—	12.27	0.54	39.64	4.80
白马	长 8_1	西 28-31	2097.02	11.31	0.75	71.82	8.12
			2099.62	11.62	0.53	58.24	6.77
			2099.62	12.33	0.95	67.97	8.38
			2100.89	12.05	1.02	41.37	8.17
			2102.5	9.51	0.15	52.30	3.93
			2104.65	11.43	0.66	39.00	5.98
平均值		—	—	11.38	0.68	55.12	6.89
董志	长 8_1	董 75-54	2063.74	10.14	0.15	42.44	4.30
			2065.28	10.31	0.17	43.40	4.45
			2065.28	10.64	0.29	48.28	5.13
			20718.6	9.61	0.40	50.38	4.84
			2074.23	9.89	0.20	45.80	4.53
平均值		—	—	10.12	0.24	46.06	4.65
三个区块平均值				11.25	0.49	46.94	5.45

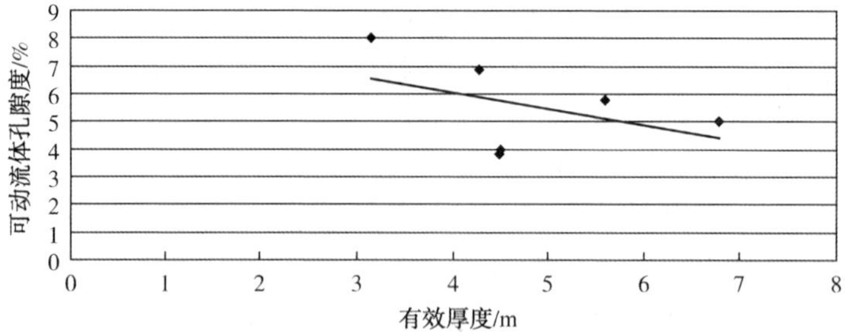

图 2-38　可动流体孔隙度与有效厚度的关系

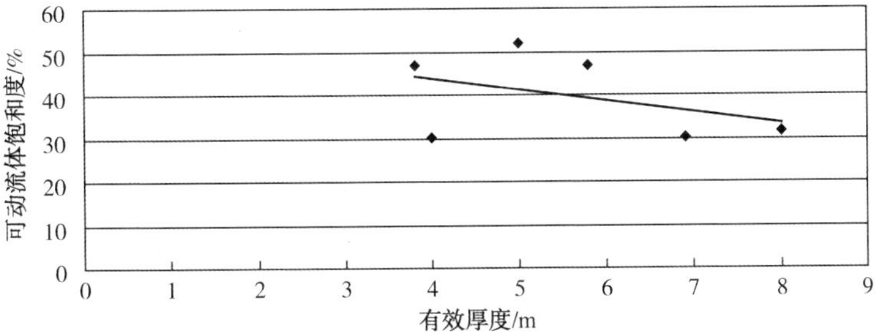

图 2-39　可动流体饱和度与有效厚度的关系

西峰油田低渗透储层地处伊陕斜坡的西南部，属三叠系延长组。受沉积环境和后期成岩作用影响，储层渗透率和孔隙度低，微裂缝发育。裂缝的存在虽然增加了油层的连通性和流体流动能力，但是会加快水窜、水淹情况的发生；储层岩石以长石碎屑砂岩为主，黏土含量较高，主要是速敏性矿物伊利石和酸敏性矿物绿泥石，此两种矿物的存在给后期储层改造过程可能产生微粒运移和酸敏；孔隙结构复杂，喉道细小、狭窄，连通性差，对外来固相和液相伤害敏感；油层非均质强，严重影响了注入水波及效率的提高；可动流体饱和度不高，且受绿泥石薄膜厚度的影响，绿泥石薄膜厚度越大，可动流体饱和度越低。所以，由上述研究可知，西峰油田储层特征是导致低渗透油藏注水压力上升快、油井增产措施不明显的内在因素。

第三章　西峰油田储层结垢规律及影响因素

油气田开发生产过程中的油气层损害的本质是指油层有效渗透率的降低。造成油气损害的本质原因是外来作业流体进入油层时，与油层本身固有的岩石和所含流体性质不配伍；或者由于外部工作条件如压差、温度、作业时间等改变，引起相对渗透率的下降。油气层岩石本身和所含流体的性质是客观存在的，是产生损害的内在和潜在因素。

通过对西峰油田储层特征研究发现：低孔低渗、孔隙结构复杂、非均质性强、敏感性矿物含量高、可动流体饱和度不高等是导致西峰油田注水压力上升快、常规酸液及压裂液等增注、增产措施效果差的内在原因；而注水过程中注入水与地层水的配伍性所引起的无机垢堵塞，以及由于注水和外来作业流体所造成的储层温度、压力的变化而引起的原油中重质组分的析出是导致注水压力升高的主要外在因素。

第一节　西峰油田无机垢结垢趋势预测

一、地层水与注入水离子分析

西峰油田自开发以来，一直是采用注水的开发方式来维持地层能量，所用注入水为洛河层水。由表 3-1 中西峰油田注入水与地层水化学分析结果可以看出，西峰油田原始地层水矿化度较高，水型以 $CaCl_2$ 为主；注入水主要为 $NaHCO_3$ 型，矿化度为 1g/L 左右。地层水和注入水中含有大量的成垢离子。地层水中含有较高的 Ca^{2+} 和 Mg^{2+}，部分井含有 Ba^{2+}；注入水含 HCO_3^- 和 SO_4^{2-} 成垢阴离子，因此注入水与地层水的混合物会产生垢质堵塞，对注水效果产生严重影响，所以有必要对西峰低渗透油田注入水与地层水配伍性进行详细研究，为改进注水开发方式提供借鉴。为了定性和定量地认识西峰油田地层水和注入水的配伍性和结垢量的大小，对不同比例的地层水和注入水混合物进行了结垢趋势预测、静态和动态管路结垢实验，并对实验生成和现场采集的垢样进行了矿物成分分析。

表 3-1 西峰油田注入水和地层水化学成分分析结果

井号	层位	化学组成/(mg/L)								总矿化度/(g/L)	水型
		Na^++K^+	Ca^{2+}	Mg^{2+}	Ba^{2+}	Cl^-	$SO_4{}^{2-}$	$HCO_3{}^-$	$CO_3{}^{2-}$		
1#水源	环河	134	22	19	0	14	51	325	53	0.62	$NaHCO_3$
2#水源	华池	160	26	17	0	70	109	331	0	0.71	$NaHCO_3$
探水4#	洛河	437	24	9	0	267	433	230	18	1.42	$NaHCO_3$
西一注	—	226	23	17	0	112	193	268	24	0.86	$NaHCO_3$
平均值	—	239.3	23.8	15.5	0	115.8	196.5	288.5	23.8	0.90	—
西14	长8	20654	2619	794	0	38642	0	241	0	63.9	$CaCl_2$
西16	长8	16741	1769	387	0	29326	0	658	0	49.35	$CaCl_2$
西16	长8	17133	1630	244	619	30012	0	535	0	50.17	$CaCl_2$
西19	长8	18913	2329	403	846	34602	0	481	0	57.6	$CaCl_2$
西19	长8	19249	2460	317	876	35220	0	308	0	58.4	$CaCl_2$
西39	长8	11150	2442	104	283	21714	0	415	0	36.1	$CaCl_2$
平均值	—	17307	2208	374	437	31586	0	440	0	53	—

二、无机垢的形成原因及影响因素

无机垢是很多生产井和注入井主要的伤害原因。其产生的主要因素有两个：一是外来流体与地层流体不配伍；二是随着生产过程中外界条件的变化，地层水中原有的一些化学平衡会遭到破坏，平衡发生移动而生成无机沉淀。常见的无机垢沉淀有碳酸钙（$CaCO_3$）、硫酸钙（$CaSO_4$）、硫酸钡（$BaSO_4$）和硫酸锶（$SrSO_4$）等。

外来流体与地层水的离子成分不相容，则会发生以下反应，生成沉淀：

$$HCO_3^- \rightarrow H^+ + CO_3^{2-}$$

$$Ca^{2+} + CO_3^{2-} \rightarrow CaCO_3 \downarrow$$

$$Ca^{2+} + 2HCO_3^- \rightarrow CaCO_3 \downarrow + CO_2 + H_2O$$

$$Ca^{2+} + SO_4 \rightarrow CaSO_4 \downarrow$$

$$Sr^{2+} + SO_4^{2-} \rightarrow SrSO_4 \downarrow$$

$$Ba^{2+} + SO_4^{2-} \rightarrow BaSO_4 \downarrow$$

这些沉淀可吸附在岩石表面成垢，缩小孔道，或随液流运移在孔喉处堵塞流动通道，使注水井注入能力降低和生产井产量下降。

影响无机垢沉淀形成的主要因素有以下几个：

（1）温度。不同的无机沉淀受温度的影响情况不一样。对于像生成 $CaCO_3$、

$CaSO_4$这样的吸热反应，当没有垢生成的注入水注入地层时，井眼温度越高沉淀反应越容易发生。而生成 $BaSO_4$的反应恰好相反，温度升高，沉淀生成的趋势减小。

（2）pH 值。无论是何种原因导致 pH 值的升高都会促使 HCO_3^-离解成 H^+和 CO_3^{2-}，使 CO_3^{2-}浓度增加，促使 $CaCO_3$ 沉淀的生成。

（3）接触时间。不配伍流体的相互接触时间越长，生成的沉淀颗粒越大，沉淀的数量越多，沉淀引起的伤害越严重。

（4）总矿化度。相混液体的总矿化度升高，会降低可沉淀离子的活度，或增加沉淀物的溶解度，沉淀的趋势相对于低矿化度情况有所降低。

（5）压力。压力变化是 $CaCO_3$结垢的主要原因。油井生产过程中，井眼周围的流动压力一般都低于地层的原始饱和压力。由于压力的下降，地层流体中气体会不断脱出。油层中原来以一定比例分配在油、水两相中的 CO_2，脱气后重新分配在油、气、水三相中，使得水中的 CO_2大大减少，CO_2的减少导致地层水 pH 值升高，这就促成了 $CaCO_3$沉淀的生成。

三、结垢趋势预测方法

单一水源的水或几种来源不同的水相混时，应根据水中成垢离子的浓度，理论溶度积常数的大小，即按照成垢离子浓度最大或理论溶度积常数最小的结垢趋势进行预测。

无机垢主要是由地层水中含有的 Ca^{2+}、Sr^{2+}、Fe^{2+}、Fe^{3+}、Ba^{2+}、HCO_3^-、CO_3^{2-}、SO_4^{2-}等离子引起的。当地层水或注入水中的上述离子达到一定的浓度以及外部条件（包括温度、压力）成熟时，就会导致垢的生成，损害储层。

油田结垢的预测方法是油田防垢中十分重要的一个环节。如果能准确预测结垢的形成，就能有针对性地采取防治措施，避免或减少结垢对生产造成的危害。结垢预测不仅可以应用预测公式，而且结垢软件的应用近年来也获得了迅速发展。

油田常见垢的预测公式依据垢类的不同而不同。同一种垢，例如 $CaCO_3$ 垢的预测公式中，包括了结垢的各种主要影响因素，它们分别用相应的参数表征。预测油田某一部位的结垢状况时，选用的这些参数应尽可能客观地反映出结垢环境特征，如结垢部位的压力、温度、油田水的组成及 pH 值等。这些参数真实可靠，预测结果才能正确。油田的不同部位，这些参数是不同的，选用油田不同部位的特性参数，通过公式计算就能预测油田相应部位的结垢情况。

1. 碳酸钙垢的预测

$CaCO_3$垢是油田生产中极为常见的垢种。一般来说，$CaCO_3$的溶解度随水的矿化度升高而升高；温度升高，压力下降会降低 $CaCO_3$ 的溶解度，如图 3-1所示。在油田生产中，温度压力的变化，CO_2 气体的释放，以及不相溶水的混合等，都可能造成 $CaCO_3$ 结垢。预测 $CaCO_3$ 结垢，不仅要考虑压力、温度和水的组成的影响，还要考虑到水中的化学反应，以及 CO_2 在油、水、气三相中的分布等。

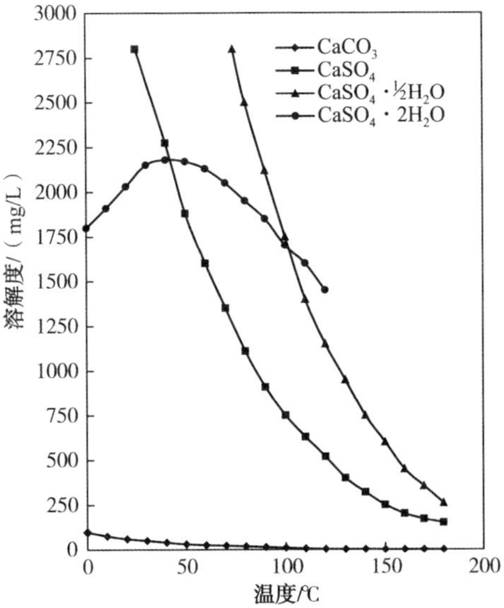

图 3-1 温度变化对碳酸钙、硫酸钙溶解度的影响

在对 $CaCO_3$ 垢进行预测时采用了 Oddo-Tomson 方法。Oddo 和 Tomson 提出的 $CaCO_3$ 饱和度指数的计算方法考虑了压力、温度、水组成以及 CO_2 的影响，能够计算大多数油气井中 $CaCO_3$ 的饱和度指数和地层水中“真实”的 pH 值。

$CaCO_3$饱和指数：

$$SI = \lg \frac{C_{Ca^{2+}} \cdot Alk^2}{6.89p \cdot xCO_2} + 5.89 + 8.61 \times 10^{-3}(T - 32) - 1.31 \times 10^{-6}(T - 32)^2 - 5.13 \times 10^{-4}p - 2.52I^{\frac{1}{2}} + 0.0919I \qquad (3-1)$$

地层条件下的 pH 值：

$$A_c = -\lg \frac{6.89p \cdot xCO_2}{Alk} + 8.68 + 2.52 \times 10^{-3}(T - 32) + 1.41 \times 10^{-7}(T - 32)^2 - 2.12 \times 10^{-4}p - 0.477I^{\frac{1}{2}} + 0.193I \qquad (3-2)$$

式中 $C_{Ca^{2+}}$——Ca^{2+}浓度，mol/L；

Alk——总碱度，mol/L，当 pH<8.3 时，总碱度与 HCO_3^- 浓度基本相同；

p——压力，kPa；

T——温度，℃；

I——离子强度，mol/L；

xCO_2——在压力和温度条件下，气相中 CO_2 的物质的量分数；

SI——饱和度指数，也叫结垢指数；

A_c——温度、压力条件下的 pH 值。

式(3-1)和式(3-2)中的离子强度 $I \approx TDS/58400$，TDS 是盐水总的矿化度。I 也可由式(3-3)精确计算：

$$I=\frac{1}{2}(C_1Z_1^2+C_2Z_2^2+\cdots+C_nZ_n^2) \tag{3-3}$$

式中 C——离子浓度，mol/(1000g 水)

Z——离子价数。

在式(3-1)和式(3-2)中，所有变量都可以测得，xCO_2 可用气相色谱法或 Drager 管法测出；T、p 值一般在取样地点可以得到；T_{Ca}、Alk 和 TDS 可由盐水分析得到。

$CaCO_3$ 结垢趋势判断方法见表 3-2。

表 3-2　$CaCO_3$结垢趋势判别方法

计算结果	$SI>0$	$SI=0$	$SI<0$
评价结果	有结垢趋势	临界状态	无结垢趋势

2. $CaSO_4$垢的预测

硫酸钙垢包括石膏($CaSO_4\cdot 2H_2O$)和硬石膏($CaSO_4$)。一般来说，盐水矿化度增加可使石膏和硬石膏的溶解度上升，但当矿化度大于 150000mg/L 后，其溶解度随矿化度的增加而下降。压力下降、温度升高，$CaSO_4$的溶解度下降。由图 3-1 中可见，在较低的温度下(小于 40℃)，石膏比较稳定，而硬石膏一般在较高温度下形成。在采油作业中，石膏或硬石膏的沉积主要是由于压力下降以及不相容的水混合引起的。

Oddo-Tomson 以实测的热力学参数为依据，推导出计算 $CaSO_4$饱和度指数的经验公式，能适用于大多数油气田。在该公式中，不仅考虑了温度、压力和水组成的影响，还考虑了油田水中普遍存在的Mg^{2+}对 $CaSO_4$结垢的影响。Mg^{2+}与 SO_4^{2-}能形成相当稳定的 $MgSO_4$，会束缚一些 SO_4^{2-}，使之不能与 Ca^{2+}、Ba^{2+}、Sr^{2+}形成硫酸盐结垢。因此，盐水中如含有较高的Mg^{2+}，会对硫酸盐结垢有较大的影响。

当温度在不同的范围变化时 Ca^{2+}和 SO_4^{2-}会形成不同的 $CaSO_4$ 水合物，即石膏($CaSO_4\cdot 2H_2O$)、半水合物($CaSO_4\cdot \frac{1}{2}H_2O$)和硬石膏($CaSO_4$)。

(1) 当温度小于 80℃时，形成二水硫酸钙。二水硫酸钙结垢预测公式如式(3-4)所示：

$$SI_{gy}=\lg(C_{Ca}\cdot C_{SO_4^{2-}})+3.47+1.0\times10^{-3}(T-32)+7.72\times10^{-7}(T-32)^2$$
$$-4.07\times10^{-4}p-1.13I^{\frac{1}{2}}+0.37I-1.11\times10^{-3}I^{\frac{1}{2}}(T-32) \tag{3-4}$$

(2) 当温度大于 121℃时，形成无水硫酸钙。无水硫酸钙结垢预测公式如式(3-5)所示：

$$SI_{An}=\lg(C_{Ca}\cdot C_{SO_4^{2-}})+2.52+5.54\times10^{-3}(T-32)-2.99\times10^{-7}(T-32)^2$$
$$-2.12\times10^{-4}p-1.09I^{\frac{1}{2}}+0.50I-1.83\times10^{-3}I^{\frac{1}{2}}(T-32) \tag{3-5}$$

式中 C_{Ca} ——实测的总 Ca^{2+} 浓度，mol/L；

p ——压力，kPa；

T ——温度，℃；

I ——离子强度，mol/L；

xCO_2——在压力和温度条件下，气相中 CO_2 的物质的量分数；

SI ——饱和度指数。

西峰油田的地层温度为 70℃左右，所以形成的垢为二水硫酸钙。

当盐水中 Mg^{2+} 含量较高时，可用下式计算 $C\,SO_4^{2-}$：

$$C_{SO_4^{2-}} = \frac{1}{2}\{C'_{SO_4^{2-}} - C'_{Mg^{2+}} - 10^{pK'} + [(C'_{SO_4^{2-}} - C'_{Mg^{2+}} - 10^{pK'})^2 + 4\times 10^{pK'}C'_{SO_4^{2-}}]^{\frac{1}{2}}\} \tag{3-6}$$

$$pK' = 1.86 + 2.5\times 10^{-3}(T-32) - 3.70\times 10^{-7}(T-32)^2 + 7.37\times 10^{-4}p - 2.38I^{\frac{1}{2}} + 0.58I - 7.22\times 10^{-4}I^{\frac{1}{2}}(T-32) \tag{3-7}$$

式中 $C'_{Mg^{2+}}$ ——实测的总Mg^{2+}浓度，mol/L；

$C'_{SO_4^{2-}}$ ——实测的总 $SO_4{}^{2-}$浓度，mol/L。

如果 $CaSO_4$饱和度指数 $SI>0$，为过饱和，能产生结垢；$SI=0$，处于饱和平衡状态；$SI<0$，为未饱和，不会产生结垢。

3. $BaSO_4$ 和 $SrSO_4$ 垢的预测

$BaSO_4$ 的溶解度极小，并随温度、压力和水矿化度的升高而增加，其中温度影响最大。在油田中，$SrSO_4$ 具有与 $BaSO_4$ 相似的特点，只是 $SrSO_4$ 的溶解度比 $BaSO_4$ 要大。油田生产中，$BaSO_4$ 和 $SrSO_4$ 结垢主要是由于不相容水的混合以及温度、压力的变化而引起的。大多数油田的 $BaSO_4$ 结垢中含有 $SrSO_4$ 垢。以热力学条件为基础，利用已有的溶解度资料，能够对 $BaSO_4$ 和 $SrSO_4$ 的结垢进行预测。

Oddo 和 Tomson 依据实测的溶解度和溶度积等热力学数据，推导出计算 $BaSO_4$ 饱和度指数的经验公式：

$$SI = \lg(C'_{Ba^{2+}}\cdot C_{SO_4^{2-}}) + 10.03 - 2.67\times 10^{-3}(T-32) + 3.52\times 10^{-6}(T-32)^2 - 3.31\times 10^{-4}p - 2.62I^{\frac{1}{2}} + 0.89I - 1.11\times 10^{-3}I^{\frac{1}{2}}(T-32) \tag{3-8}$$

$$C_{SO_4^{2-}} = \frac{1}{2}\{C'_{SO_4^{2-}} - C'_{Mg^{2+}} - C'_{Ca^{2+}} - 10^{pK'} + [(C'_{SO_4^{2-}} - C'_{Mg^{2+}} - C'_{Ca^{2+}} - 10^{pK'})^2]^{\frac{1}{2}} + 4\times 10^{pK'}C'_{SO_4^{2-}}\} \tag{3-9}$$

$$pK' = 1.86 + 2.5\times 10^{-3}(T-32) - 3.70\times 10^{-7}(T-32)^2 + 7.37\times 10^{-4}p - 2.38I^{\frac{1}{2}} + 0.58I - 7.22\times 10^{-4}I^{\frac{1}{2}}(T-32) \tag{3-10}$$

式中 $C'_{Ba^{2+}}$ ——实测的总 Ba^{2+} 浓度，mol/L；

$C'_{SO_4^{2-}}$——实测的总 SO_4^{2-}浓度，mol/L；

$C'_{Ca^{2+}}$——实测的总 Ca^{2+}浓度，mol/L；

$C'_{Mg^{2+}}$——实测的总 Mg^{2+}浓度，mol/L。

如果已知 $BaSO_4$ 在油田水中过饱和，即 $SI>0$，可用下面的公式计算出可能产生的结垢量：

$$x = \frac{1}{2}\{C_{Ba^{2+}} + C_{SO_4^{2-}} - [(C_{Ba^{2+}} + C_{SO_4^{2-}})^2 - 4(C_{Ba^{2+}} \cdot C_{SO_4^{2-}} - K_{sp})]^{\frac{1}{2}}\} \quad (3-11)$$

式中 x——$BaSO_4$ 结垢量，mol/L；

K_{sp}——$BaSO_4$ 溶度积常数。

$SrSO_4$ 垢的预测：

$$SI = \lg(C'_{Sr^{2+}} \cdot C_{SO_4^{2-}}) + 6.11 + 1.11 \times 10^{-3}(T - 32) + 1.98 \times 10^{-6}(T - 32)^2$$
$$- 3.17 \times 10^{-4}p - 1.89I^{\frac{1}{2}} + 0.67I - 1.06 \times 10^{-3}I^{\frac{1}{2}}(T - 32) \quad (3-12)$$

式中 $C'_{Sr^{2+}}$——实测的总Sr^{2+}浓度，mol/L；

$C_{SO_4^{2-}}$——SO_4^{2-}浓度，mol/L；

$SI>0$，$SrSO_4$ 过饱和，产生结垢；$SI<0$，$SrSO_4$ 未饱和，不会产生结垢；$SI=0$，$SrSO_4$ 饱和平衡，不结垢。

四、无机垢结垢趋势预测结果

编制无机垢结垢趋势预测软件，对地层水、注入水、不同比例的地层水和注入水的混合物，在水质分析的基础上对结垢类型和结垢趋势进行了预测。各水样结垢趋势预测结果如表 3-3 所示。

表 3-3 各水样结垢趋势预测结果

水样		$CaCO_3$结垢趋势		$CaSO_4$结垢趋势		$BaSO_4$结垢趋势	
		SI值	预测结果	SI值	预测结果	SI值	预测结果
地层水		6.246	有	—	—	—	—
加药注入水		2.667	有	—	—	—	—
地层水：注入水	9：1	6.144	有	0.150	有	1.672	有
	8：2	6.037	有	0.740	有	2.302	有
	7：3	5.923	有	1.031	有	2.638	有
	6：4	5.820	有	1.196	有	2.872	有
	5：5	5.659	有	1.037	有	2.753	有

从预测结果可以看出各个水样都有碳酸钙垢的结垢趋势。不同比例的注入水和地层水混合样都有结 $BaSO_4$ 垢的趋势。

第二节　无机垢结垢实验研究

结垢趋势预测可以定性地预测目标水样的结垢趋势和结垢类型。为了对不同水样的结垢类型和结垢量的大小有一个更为清楚的认识，在室内进行了静态和动态管路结垢实验研究。

一、无机垢静态结垢实验研究

静态实验也称“瓶实验”，即将油田地层水与注入水按不同体积比在容量瓶内混合，使其处于地层温度下静置若干时间，目视观察是否有沉淀形成的一种简便、直观的半定量方法。由于这种方法不需要特殊的仪器、设备，是现场常用的方法。

在室内按表 3-4 配置 50mL 不同比例的地层水和注入水，置于 50mL 容量瓶内，在地层温度 70℃下恒温。每隔十天将样品取出，用蒸馏水将可溶性的盐类洗干净后，把不溶物烘干、称重。实验结果如图 3-2～图 3-10 所示。

表 3-4　静态实验样品地层水与注入水比例

样品编号	1	2	3	4	5	6	7
D : Z	10 : 0	9 : 1	8 : 2	7 : 3	6 : 4	5 : 5	0 : 10

注：D 表示地层水，Z 表示注入水，下同。

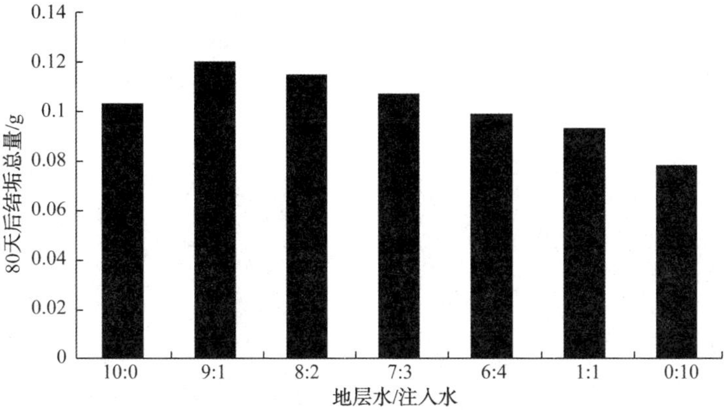

图 3-2　不同比例的地层水和注入水 80 天后结垢总量

由图 3-2 可以看出，当地层水与注入水比例为 9 : 1 时，80 天后的结垢量最大。同时，随着地层水比例的下降、注入水比例的升高，结垢量下降，即结垢量的大小与实验时间成正比，与注入水的比例呈反比。这主要是因为随着注入水比例的升高，虽然成垢阴离子 SO_4^{2-}、HCO_3^- 和 CO_3^{2-} 的浓度有所增加，但是成垢阳离子的浓度减少，所以混合水样的结垢量与注入水的比例呈反比。

从图 3-3~图 3-10 中可以清楚地看出：与图 3-3(空白烧杯)相比，不同比例的地层水与注入水的混合液均有不同程度的沉淀(垢)生成。

图 3-3　空白烧杯

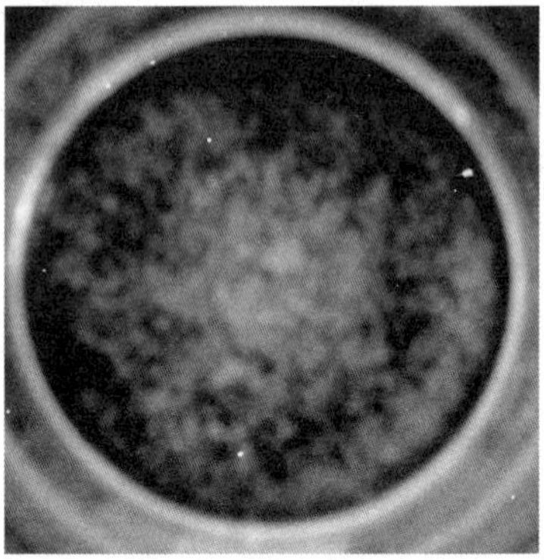

图 3-4　D：Z 为 10：0 时的结垢图片

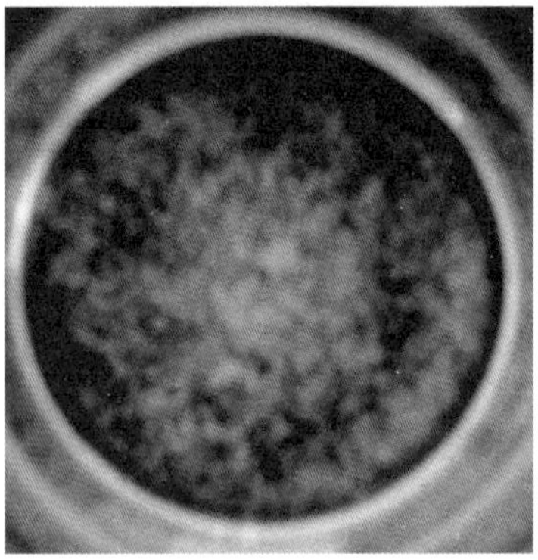

图 3-5　D：Z 为 9：1 时的结垢图片

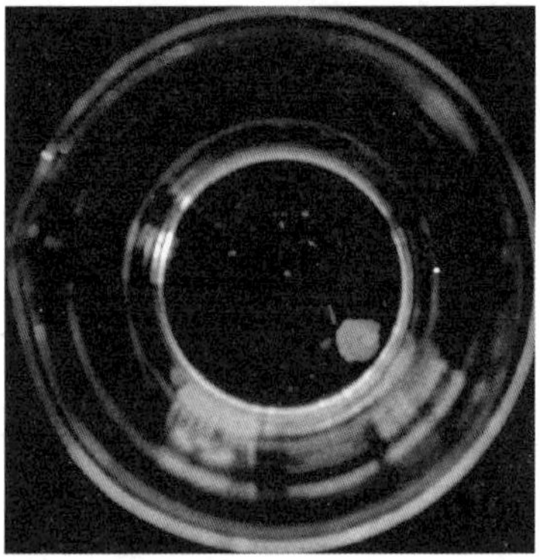

图 3-6　D：Z 为 8：2 时的结垢图片

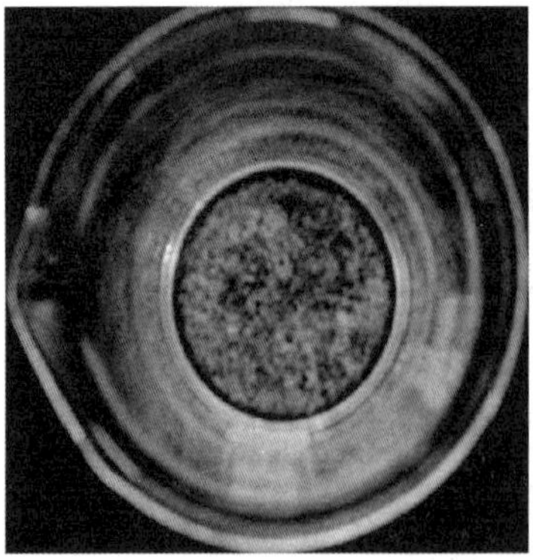

图 3-7　D：Z 为 7：3 时的结垢图片

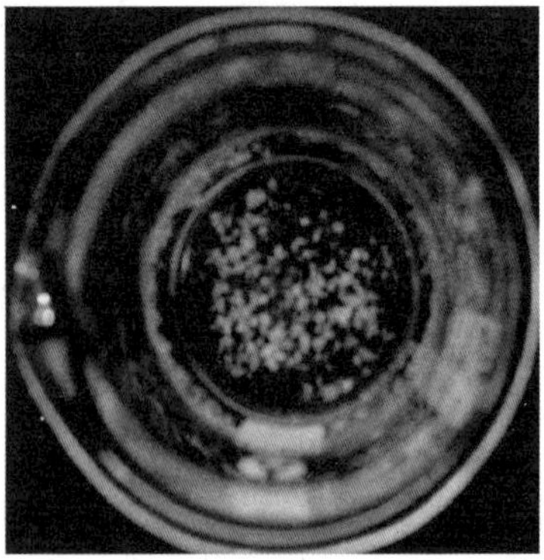

图 3-8　D：Z 为 6：4 时的结垢图片

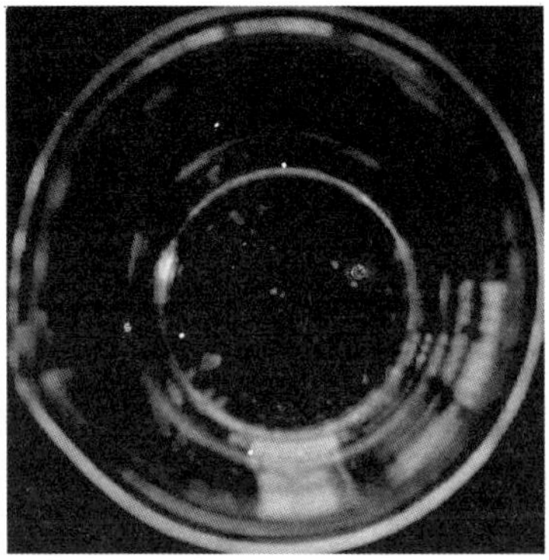

图 3-9 D：Z 为 5：5 时的结垢图片

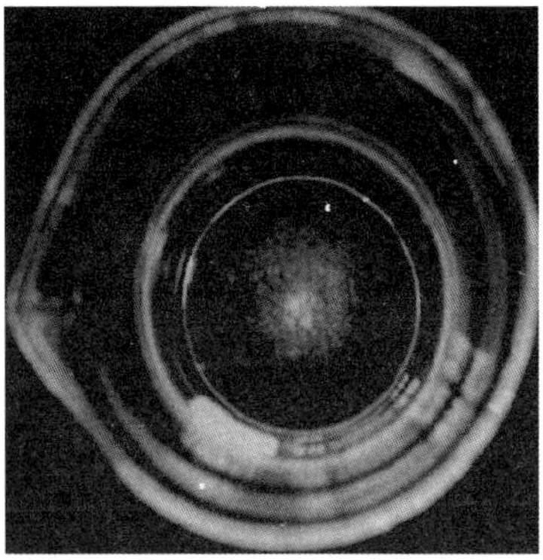

图 3-10 D：Z 为 0：10 时的结垢图片

通过对比结垢趋势预测的 *SI*(结垢指数)值和静态实验结果可以发现：在结垢趋势预测中(所有水样)随着注入水比例的升高 $CaCO_3$ 的结垢指数下降(结垢趋势减弱)，$BaSO_4$ 的结垢指数升高(结垢趋势增强)；静态结垢实验中(混合水样)以 9：1 混合水样的结垢量最大。这说明在注水初期由于注入水与地层水不配伍生成的垢量最大，储层堵塞严重。造成西峰油田注水开发后，短时间内注入压力升高，甚至有些注水井注不进，严重影响了西峰油田的地层能量保持与高效开发。

二、无机垢动态管路结垢实验研究

管路模拟实验法是一种既接近真实地层条件，又简便、快速的实验方法。英国 Oil Plus 公司、美国 Serck Baker 公司都采用了这种方法。这种实验方法是以油田实际注入参数为基础，用恒速泵向不锈钢细管内注入油田地层水和注入水。如果两种水不相容，就会在管壁上沉积一层沉淀物，通过称量不锈钢管实验前后的重量，就可以计算出结垢量。这种方法具有以下两个优点：

(1) 直观，比较接近实际情况。

(2) 可对防垢剂进行评价。

实验中采用长度为 5m，直径为 3mm 的不锈钢管线。将管线放入恒温箱中，在地层温度 70℃ 下并保持恒温，用目标评价水样恒速驱替，每驱替 10 天取出，用蒸馏水反复驱替将附着在管线内壁的可溶性盐(非垢)溶解、烘干、称量。驱替水采用静态结垢实验中结垢量最大的，地层水与注入水比例为 9：1 的混合水样。驱替压差分别为 16MPa 和 12MPa。实验装置如图 3-11 所示。实验结果如表 3-5、表 3-6 和图 3-12～图 3-15 所示。由实验结果图、表可以看出，前 10 天三条管线的结垢量占 60 天实验总结垢量的 65%以上，后 50 天阶段结垢量占总结垢量的比例呈曲线变化。这主要是因为刚注入时，由于管线内表面不光滑，给垢晶的生成和生长创造了良好的条件。随着时间的增长，结垢晶体逐渐长大、突起，这样就可能被水冲刷，带走。所以，后50天三条管线的结垢量呈波动增加。

表3-5　16MPa下三条管线不同时间段结垢量　　g

天　数	1号管线	占总量百分数/%	2号管线	占总量百分数/%	3号管线	占总量百分数/%	平均值
0	0	0	0	0	0	0	0
10	0.47	69.12	0.47	65.28	0.46	65.71	0.467
20	0.51	5.84	0.52	6.94	0.54	11.43	0.523
30	0.56	7.35	0.56	5.56	0.59	7.14	0.570
40	0.60	5.88	0.67	15.28	0.63	5.71	0.633
50	0.65	7.35	0.69	2.78	0.68	7.14	0.673
60	0.68	4.42	0.72	4.17	0.70	2.86	0.700

表3-6　12MPa下三条管线不同时间段结垢量　　g

天　数	1号管线	占总量百分数/%	2号管线	占总量百分数/%	3号管线	占总量百分数/%	平均值
0	0	0	0	0	0	0	0
10	0.53	67.09	0.54	65.06	0.51	60.71	0.527
20	0.64	13.92	0.59	6.02	0.59	9.52	0.607
30	0.72	10.13	0.63	4.82	0.69	11.90	0.680
40	0.74	2.53	0.72	10.84	0.75	7.14	0.737
50	0.76	2.53	0.77	6.02	0.80	5.95	0.777
60	0.79	3.80	0.83	7.23	0.84	4.16	0.820

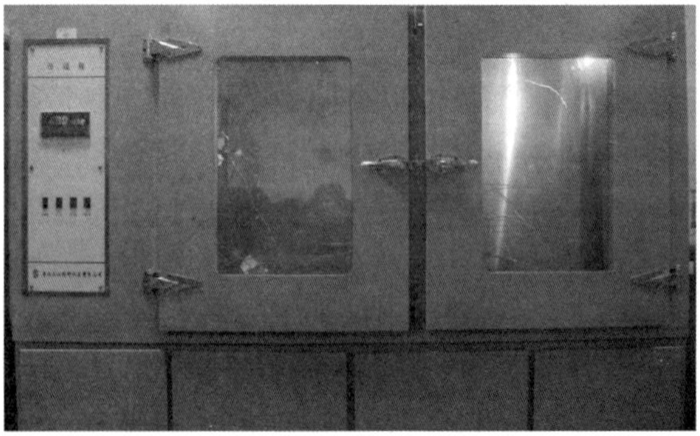

图3-11　管路实验装置示意图

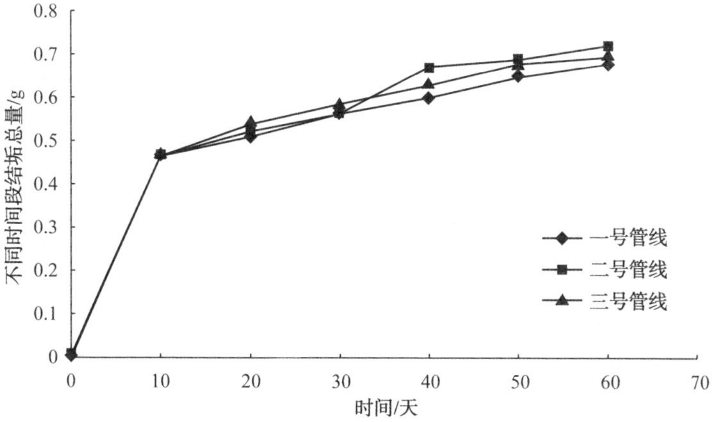

图 3-12　16MPa 下三条管线不同时间段结垢量

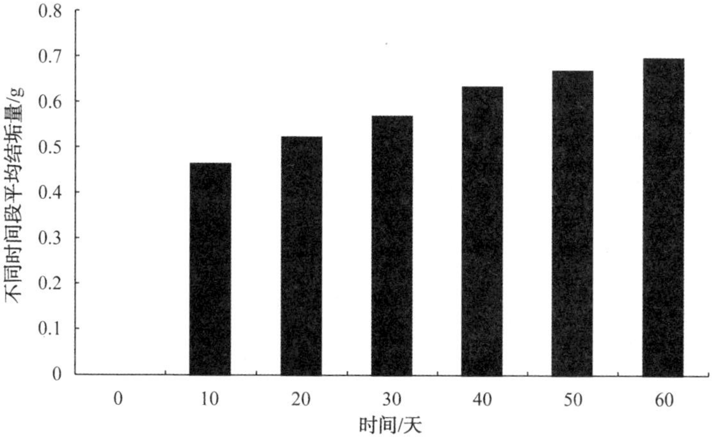

图 3-13　16MPa 下三条管线不同时间段平均结垢总量

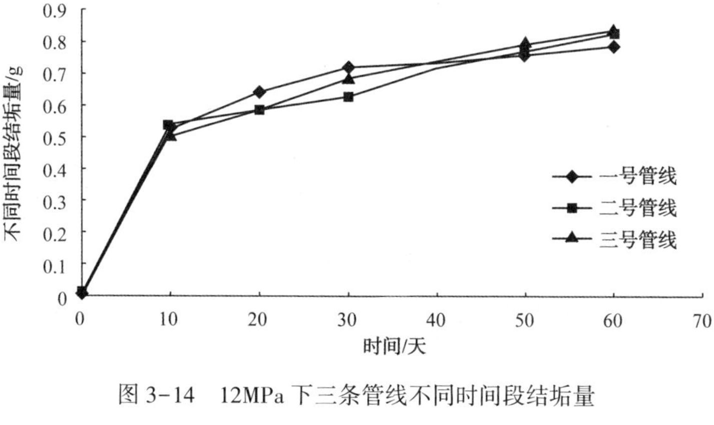

图 3-14　12MPa 下三条管线不同时间段结垢量

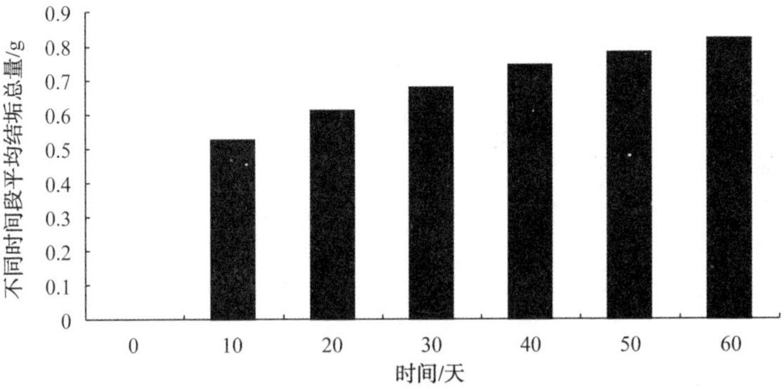

图 3-15 12MPa 下三条管线不同时间段平均结垢总量

三、压力对无机垢生成规律的影响

通过对比 16MPa 和 12MPa 下的管路结垢实验结果可以看出，在温度等其他条件相同的情况下，12MPa 下管线的结垢量明显要比 16MPa 的大。垢样的 X 衍射结果表明垢样的主要成分是 $CaCO_3$ 和 $BaSO_4$。

通过结垢预测软件可以很容易计算出，在温度不变的情况下 $CaCO_3$ 和 $BaSO_4$ 的饱和度指数(结垢指数)随压力的变化关系，计算结果如表 3-7 和图 3-16、图 3-17 所示。由计算结果可以看出，随着压力的下降，$CaCO_3$ 和 $BaSO_4$ 的饱和度指数在增大，即结垢趋势增大。当压力由 16MPa 降到 12MPa 时，$CaCO_3$ 的饱和度指数由 6.24 升高到 9.79，增加了 57%；而 $BaSO_4$ 的饱和度指数则由 1.67 增加到 3.32，几乎增加了一倍，结垢趋势明显增强。同时由表 3-7 和图 3-16 的不同温度、压力下 $CaCO_3$ 溶解度实验结果可以看出，在 70℃ 下当压力从 16MPa 降到 12MPa 时，$CaCO_3$ 的溶解度从 102.65mg/L 降到 85.73mg/L，降幅达 16.5%。

表 3-7 70℃下不同压力下 $CaCO_3$、$BaSO_4$ 的饱和度指数

名 称	不同压力下(MPa)$CaCO_3$、$BaSO_4$ 的饱和度指数					
	16	15	14	13	12	11
$CaCO_3$	6.24	6.82	7.41	7.99	8.59	9.79
$BaSO_4$	1.67	2.00	2.33	2.66	2.99	3.32

可见压力对 $CaCO_3$ 和 $BaSO_4$ 的饱和度指数(结垢指数)有较大的影响。因此，在油气田的开发过程中保持地层压力是十分必要的。不仅可以增加流体的驱动能量，而且可以有效地增加 $CaCO_3$ 和 $BaSO_4$ 的溶解度，降低 $CaCO_3$ 和 $BaSO_4$ 结垢的可能性，减少地层污染，保持原油产量。

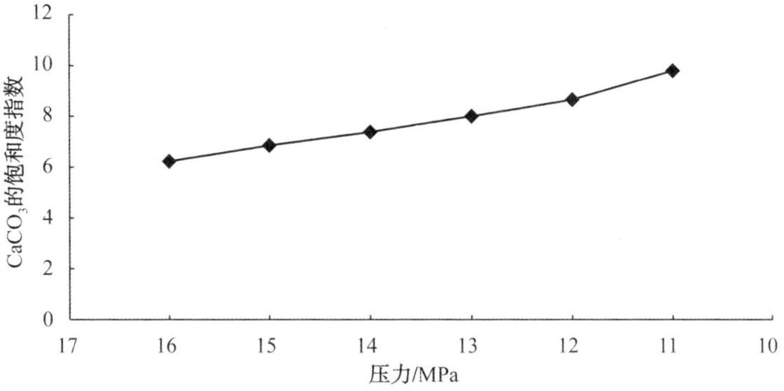

图 3-16　$CaCO_3$ 的饱和度指数与压力的关系曲线

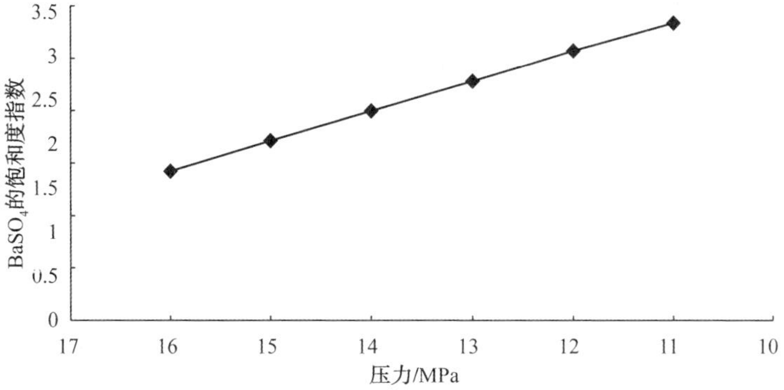

图 3-17　$BaSO_4$ 的饱和度指数与压力的关系曲线

四、无机垢动态岩心结垢实验研究

选取西峰油田低渗透岩心进行岩心结垢实验，以研究由于地层水与注入水不配伍生成的无机垢，对储层渗透率和孔隙度的影响。实验用水为静态实验中结垢最严重的地层水与注入水比例为 9∶1 水样，实验温度 70℃。实验结果如表 3-8、图 3-18～图 3-21 所示。

表 3-8　岩心结垢渗透率和孔隙度的伤害

岩心号	层　位	液相渗透率/$10^{-3}\mu m^2$		伤害率/%	孔隙度/%		伤害率/%
		结垢前	结垢后		结垢前	结垢后	
1	长 8	0.00057	0.00036	36.84	8.474	6.88	18.81
2	长 8	0.00024	0.00018	25.19	8.046	7.47	7.16

由此可以看出，结垢对岩心渗透率和孔隙度均有影响，尤其是对渗透率的影响非常明显，渗透率伤害率最大可以达到 36.84%，平均值为 31.02%。而结垢对

岩心孔隙度的平均伤害率为12.99%。可见注入水与地层水不配伍对储层的孔隙结构伤害非常大，使原本就细小的孔隙变得更加细小，甚至完全堵塞，严重影响了注入水的驱替效果。

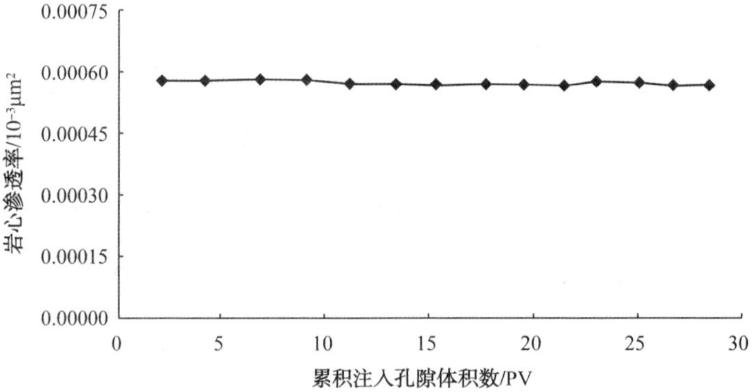

图3-18　1号岩心地层水驱替渗透率曲线图

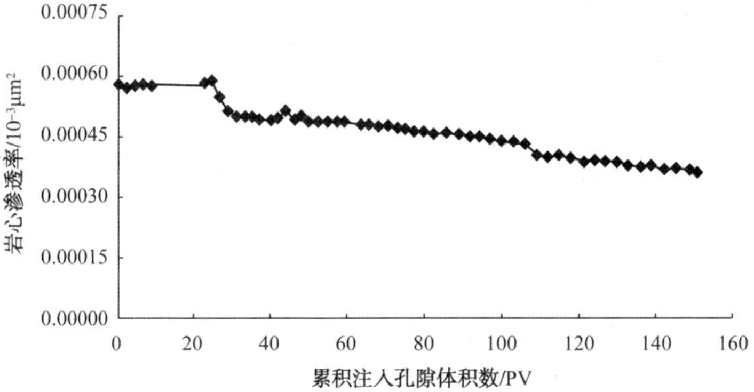

图3-19　1号岩心注入水与地层水混合后驱替渗透率变化曲线

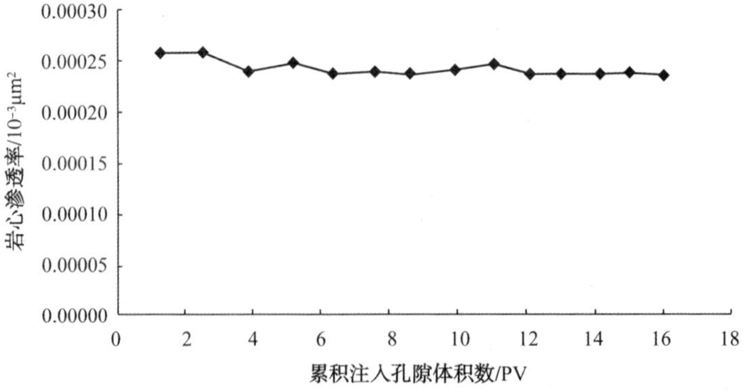

图3-20　2号岩心地层水驱替渗透率变化曲线图

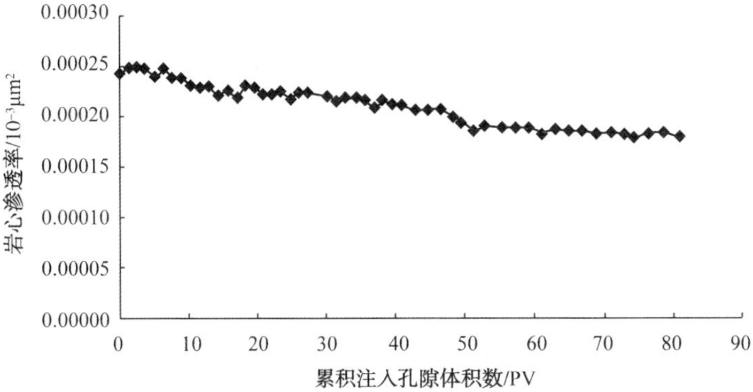

图 3-21 2 号岩心注入水与地层水混合后驱替渗透率变化曲线图

第三节 无机垢垢样成分分析

为了对垢样中的成分、含量有一个较为清楚的认识，为现场解堵措施的选择和优化提供支撑，对包括静态结垢实验中生成的垢样和现场取到不同部位的垢样进行了 X 衍射分析，分析结果如表 3-9 所示。

表 3-9 样品 X 衍射分析结果

样品号	1	2	3
井号	实验结垢垢样	西 26-18	西 28-16
位置	—	泵口	不详
矿物名称	含量/%		
碳酸钙	85.4	12.32	95.86
硫酸钡	14.6	—	—
石英	—	45.61	—
钠长石	—	27.57	—
伊利石	—	7.34	—
未检出	—	—	4.14

由表 3-11 可以看出，静态结垢实验中生成的垢样主要以 $CaCO_3$ 和 $BaSO_4$ 为主，其中 $CaCO_3$ 的含量最高，达到 85.4%。这主要是因为地层水中含有大量的钙离子，其平均含量为 2208mg/L；而地层水和注入水中还有大量的成垢阴离子（HCO_3^-），其平均含量分别为 440mg/L 和 288.5mg/L，并且注入水中还含有浓度为 22.8mg/L 的 CO_3^{2-}，这给 $CaCO_3$ 垢的生成创造了良好的条件。所以垢样中 Ca-

CO_3 占主导地位。通过对西 26-18(泵口)和西 28-16 两口井不同位置的垢样分析结果可以看出，除含有地层中本身的矿物以外，$CaCO_3$ 的含量最高。可见，西峰油田由于注入水和地层水不配伍所造成的井筒和地层结垢的主要成分是 $CaCO_3$。

第四节　西峰油田原油性质分析

西峰油田长 8 储层原油性质比较好。地面条件下，原油密度 0.8322～0.8667g/cm³，平均 0.8492g/cm³；沥青质含量 0.74%～3.33%，平均 2.14%；含蜡 10.1%～12.7%；含硫 0.13%～0.24%；动力黏度 5.89mPa·s；初馏点 49.8～115℃，平均 70℃。其中，董志区、白马区和板桥区的原油密度差别不大，白马区原油凝固点稍高，沥青质含量董志区稍高。

在地层条件下，西峰油田长 8 原油密度 0.721～0.734g/cm³，黏度 0.99～1.14mPa·s，气油比 107～119m³/t，天然气相对密度 1.03～1.07，压缩系数 13.5×10^{-4}～14.3×10^{-4}/MPa。

总体上饱和压力较高，平均为 12.35MPa，地饱压差小；气油比、压缩系数、体积系数较高；地层原油黏度和地层原油密度低。

随着油田注水开发过程的深入，储层的温度、压力、生产速度(剪切应力)等将会发生变化，势必会对储层原油组分和流变性产生影响。为更好地认识这一问题，在室内首先进行了原油性质的相关实验研究。

一、原油凝点的测定

1. 实验流体。

实验所采用的油样为西峰油田庄 14-28 井原油，按 GB 2538 进行油样脱水处理，直至油样含水率在 0.5%以下。

2. 实验步骤及结果。

参照《原油凝点测定法》(SY/T 0541—1994)测定原油样品的凝固点。

实验仪器：圆底试管、圆底玻璃套管、广口保温瓶、水银温度计、液体温度计、支架、水浴、冷却液(冷却液温度在 0℃以上，可用水和冰；在 0～-20℃，可用盐和碎冰混合物；在-20℃以下，可用乙醇或干冰)。本实验所采用的冷却液为乙醇。

实验步骤：

(1) 将装有油样和温度计的试管，垂直地浸在(50±1)℃的水浴中，直至油样的温度达到(50±1)℃。

(2) 从水浴中取出试管，擦干外壁，将试管装入套管中。在室温中静置，直至试管中的油样冷却到(40±5)℃，然后将这套仪器浸没在装好冷却剂的容器中。

(3) 将油样温度降至比预期凝点高 8℃时，即开始从套管中取出试管使之微微倾斜，并观察液面是否有移动的现象。若液面移动，则平稳、迅速将试管放回到套管内继续冷却，取出和放回套管内的时间不应超过 3s。以后油样每下降 2℃观察一次，直到液面无移动迹象时，立即将试管倾斜 45°放置 5s。如液面不发生移动，记录该温度为试样凝点。

如果在 5s 内液面还有移动时，则应平稳、迅速地将试管放回套管内，待再降温 1℃或 2℃后，再取出试管并水平放置 5s。若液面已不移动，则该温度为凝点。否则，更换油样，重作实验。

在本次实验中，为了提高实验精度，温度变化间隔取 1℃，在凝点附近温度间隔取 0.5℃。

实验结果如表 3-10 和图 3-22 所示，可知西峰油区庄 14-28 井原油的凝点为 17.5℃。

表 3-10 西峰油田庄 14-28 井和西 22-26 井油样凝点测定

庄 14-28	温度/℃	20	19	18	17.5	17	16.5
	流动情况	流动	流动	流动	凝固	凝固	凝固

二、原油流变性的测定

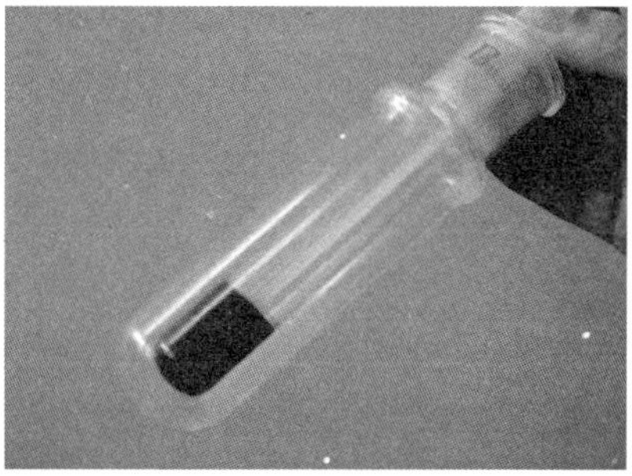
图 3-22 17.5℃下庄 14-28 井原油凝点测试照片

含蜡原油的组成异常复杂，其受力而流动的相互响应呈多样性、复杂性。它不仅取决于组成及连续相的组分、含量和分散相的浓度、颗粒形状、排列等因素，还与经历的热历史、剪切历史、剪切作用时间等外因有关。

1. 油样的选择及测试仪器

在室内，选取了西峰油田庄 14-28 井原油样品，用 BROOKFIELD DVⅢ流变仪，参照《原油黏温曲线的确定 旋转黏度计法》(SY/T 7549—2000)和《原油析蜡点测定》(SY/T 0522—1993)进行了原油流变性的测定。

在开采和储运原油的过程中，由于层位的变迁及经历集、储、运等环节，使原油的组成和历史“记忆”效应会因取样方法和地点而不同，其流动特点可能有所差异。为了消除原油的历史“记忆”效应使原油成为均匀溶液，目前一般选用 80℃作为预处理温度。将盛有油样的密封磨口瓶放入 80℃水浴锅内，恒温静置

2h，随后静置自然冷却至室温，并存放在环境温度变化较小处，存放48h以上，则可以认为已具有构成状态相同的基础油样，可以进行实验。

2. 测试结果

测试结果如图3-23~图3-28所示。

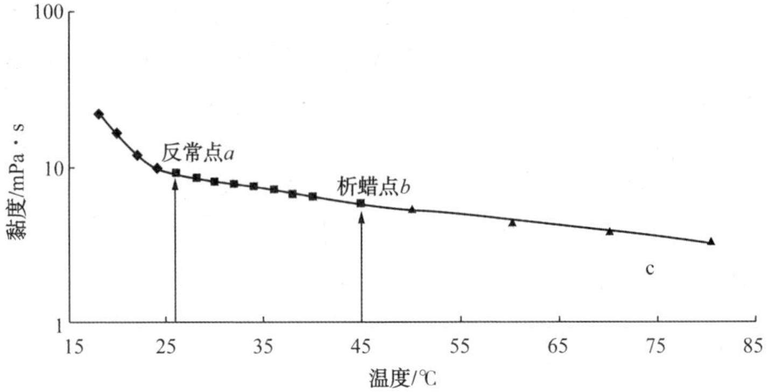

图3-23　庄14-28井剪切速率$50s^{-1}$黏温曲线

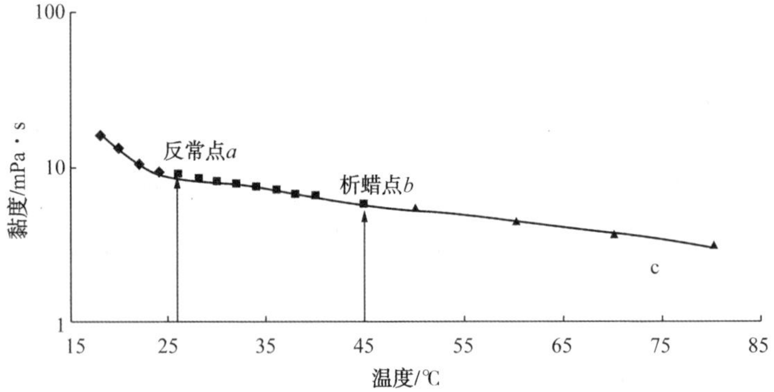

图3-24　庄14-28井剪切速率$75s^{-1}$黏温曲线

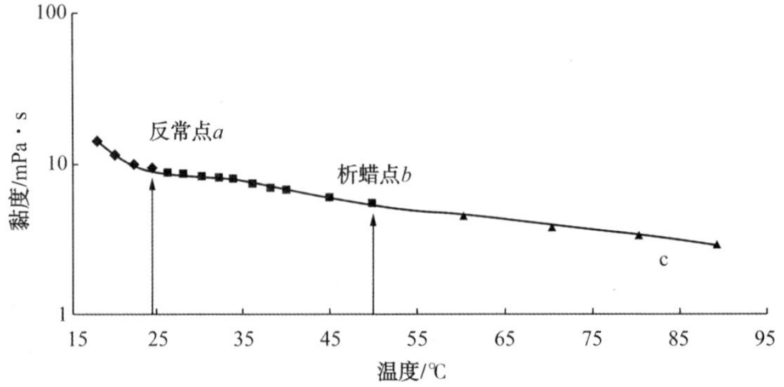

图3-25　庄14-28井剪切速率$100s^{-1}$黏温曲线

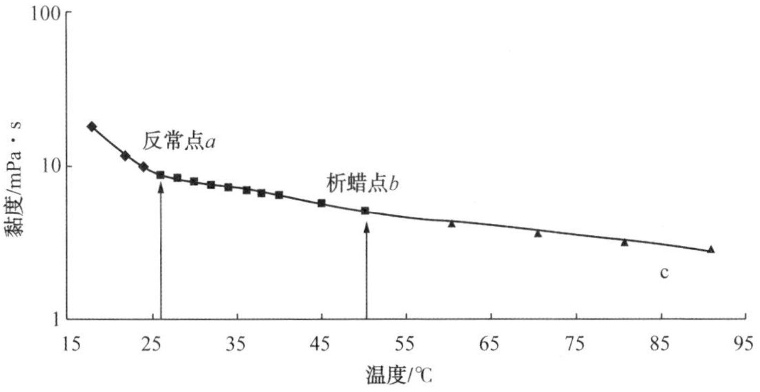

图 3-26　庄 14-28 井剪切速率 125s⁻¹黏温曲线

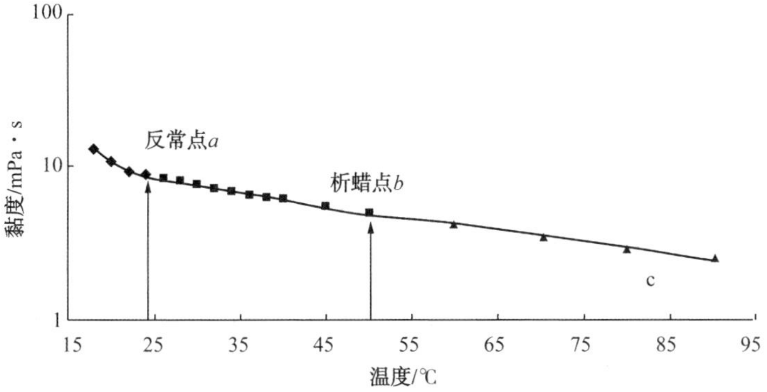

图 3-27　庄 14-28 井剪切速率 150s⁻¹黏温曲线

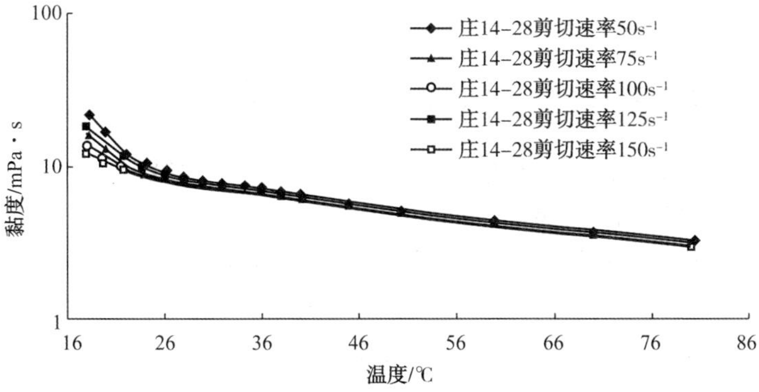

图 3-28　庄 14-28 井不同剪切速率下的黏温曲线

由图 3-23 ~ 图 3-28 可以看出，庄 14-28 井油样的析蜡温度在 45 ~ 50℃之间。

黏温曲线有两个明显拐点：反常点和析蜡点。全黏温曲线大体可以分两部分来分析，即直线段和曲线段，或者说牛顿段和非牛顿段。当原油温度大于反常点温度时，直线段又可以分为 *ab* 段和 *bc* 段。直线段的共同特点是：黏度只是温度的单值函数，$\mu = f(T)$；其流变性都服从牛顿内摩擦定律；动力黏度随温度的变化，都可用 $\lg\mu = A - BT$ 方程来描述，只是两段的 A、B 值不相等，*bc* 段直线的斜度较平缓，黏度随温度变化不明显，*ab* 段直线的斜度较陡，说明黏度随温度的变化较明显(这是因为随着温度的降低，高分子蜡首先析出，介质中出现分散相颗粒，增加了体系的流动阻力，要消耗额外能量，因而相当于黏度有一个增值)。含蜡原油存在析蜡点，但并不是原油在析蜡点处才开始析蜡，而是指在析蜡点下，体系中所析出的蜡在宏观上已反映出黏度随温度下降的增加率已发生变化。当温度低于反常点时，原油的黏度出现反常，其流变行为已不符合牛顿内摩擦定律，需要表观黏度来表征它的黏稠程度。表观黏度是体系内部物理结构已达到动平衡状态下确定的，已消除了时间效应，因此表观黏度只是温度和剪切率的函数。表观黏度受剪切率的影响较大，剪切稀释性越明显。

第五节　西峰油田注水过程中地层和采油井井筒温度场计算

通过前面的实验结果和理论分析表明，影响西峰油田地层水结垢、原油析蜡的因素除储层特征、水质以及原油性质外，还有储层温度和地层压力状况。储层温度的降低和地层压力的下降都将会导致结垢、蜡析出加重。为此，进行了西峰油田不同区块目前地层压力分析和储层温度场以及采油井井筒温度分布的计算。

一、西峰油田不同区块目前储层压力分析

西峰油田原始驱动类型为弹性溶解气驱，属低压、低渗油藏。目前，主要采取注水开发的方式。通过定期监测，目前西峰油田各区块的储层压力情况如表 3-11 所示，西一区、西二区和西三区储层压力保持较好，到 2011 年上半年除西三区外，另外两个区块的储层压力均高于原始地层压力(18MPa)。另外，各区块的储层压力都在平均储层饱和压力(12.35MPa)以上。所以，在目前储层压力条件下，储层原油不会因压力的变化导致原油中溶解气和轻质组分挥发最终使原油中溶解的蜡析出。

表 3-11　西峰油田各区块储层压力情况表

区　块	2008 年下	2009 年上	2009 年下	2010 年上	2010 年下	2011 年上
	压力/MPa					
西一区	—	—	—	17.87	19.06	20.31
西二区	—	—	—	16.84	17.20	20.33
西三区	—	—	—	15.58	15.18	16.63
董志区	14.92	—	14.13	—	—	—
白马区	14.92	18.36	21.39	—	—	—

二、地层温度场计算

当储层温度的降低尤其是当地层温度降到原油析蜡温度以下时，对储层中流体的渗流规律有很大的影响。而地层温度的降低主要是由于注水开发引起的。为了确定西峰油田注水开发导致地层温度降低的程度，根据传热学原理，选取了西峰油田两口注水井进行了地层温度场的计算。

地层温度场的计算分为两个部分：注水井的井口到井底水温计算；注水井的井底到生产井井底之间的地层温度场计算。

首先对注水井沿井深方向温度分布进行计算，以确定注水井井底温度。计算方法如下：

取沿井深方向坐标方向向下，可写出能量方程式：

$$k_1[\theta - (t_o + ml)]\,dl = -W d\theta \tag{3-13}$$

式中　k_1——从油管中流体至地层间单位管长的传热系数，W/(m·℃)，$k_1 = k\pi d$，k 也是传热系数，但针对 $1m^2$ 油管表面积而言，$W/(m^2 \cdot ℃)$；

θ——油管中混合油气的温度，℃；

m——地层梯度，℃/m，通常 m=0.03～0.05℃/m；

l——从井底至井中某一深度的垂直距离，m；

$W = G_f C_f + G_g C_g$——称为水当量，而 C_f，C_g 相应为石油及伴生气的比热，J/(kg·℃)。

式(3-13)的解为：

$$\theta = Ce^{-\frac{k_1}{W}l} + (t_o + ml) - \frac{Wm}{k_1} \tag{3-14}$$

应用边界条件，当 l=0(井深为 0)时，注入水温度为已知，$\theta = \theta_o$，则：

$$C = \theta_o - t_o + \frac{Wm}{k_1} \tag{3-15}$$

故：

$$\theta = \frac{Wm}{k_1}(e^{-\frac{k_1}{W}l} - 1) + (t_o + ml) + (\theta_o - t_o)e^{-\frac{k_1}{W}l} \tag{3-16}$$

式(3-16)便是注水井井筒中温度沿井深分布的公式。通常在注冷水时，取地面水温度 θ_o 等于地表水自然温度 t_o ，而式(3-16)可以简化为：

$$\theta = \frac{Wm}{k_1}(e^{-\frac{k_1}{W}l} - 1) + (t_o + ml) \tag{3-17}$$

通过式(3-17)可以计算出注水井井底水温。

地层温度场计算采用了马克斯-兰根海姆的能量平衡方程分析解，见式(3-18)。计算过程中做如下假设：油层是均质的；油层物性及流体饱和度不随温度变化；油层中无垂向温差，即垂向导热系数 $\lambda_v = \infty$ ；在油层及围岩中，水平方向的热传导为零；注入速度及温度为常数。公式如下：

$$T(y, t) = T_s - (T_s - T_r)\mathrm{efr}(\frac{X}{2\sqrt{Dt}}) \tag{3-18}$$

式中误差函数 efr(x)为：

$$\begin{cases} \mathrm{efr}(x) = \dfrac{2}{\sqrt{x}}\displaystyle\int_0^x e^{-t^2}\mathrm{d}t \\ \mathrm{efr}(0) = 0 \\ \mathrm{efr}(\infty) = 1 \end{cases} \tag{3-19}$$

通过编制地层温度场计算软件可以计算出不同注水量和不同注水时间的地层温度分布。

选取西 31-14 和西 33-16 两口井分别对注水时间 1 年、5 年、10 年进行了地层温度场计算，两口井的基本数据见附录二。计算结果如表 3-12 和图 3-29～图 3-34 所示。

由图 3-31、图 3-34 可以看出，在目前的注入量下油藏注水开发 10 年后西 31-14 井和西 33-16 井的地层温度分别下降 2.3℃ 和 4.1℃，达到 67.7℃ 和 65.9℃，仍然在原油的析蜡温度(45℃)以上，并且从不同剪切速率的黏温曲线可以看出：当温度由 70℃降到 60℃时原油的黏度升高 0.6mPa·s 左右，原油的性质并没有明显变化。所以由于长时间注水开发所引起的地层温度下降，不会导致地层原油析蜡。由于低渗透储层存在启动压力梯度，为了达到设计产量一部分油井不得不将井底压力确定在饱和压力以下，以增加生产压差。这样一来就会在近井地带形成一个局部低于饱和压力区域。在这个区域内，原油有可能脱气使原油中溶解的重质组分析出，对近井地带的渗流能力造成不利影响。

表 3-12　不同井不同注水时间的地层温度　　　　℃

注水年限	1 年	5 年	10 年
西 31-14	69. 93	68. 55	67. 66
西 33-16	69. 87	67. 45	65. 88

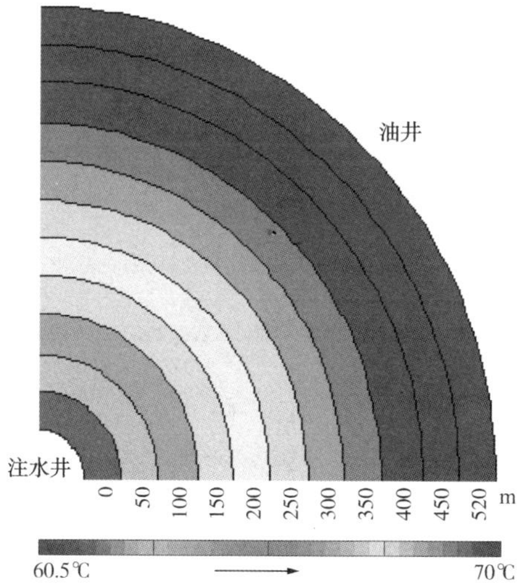

图 3-29　西 31-14 井 1 年后地层温度场分布

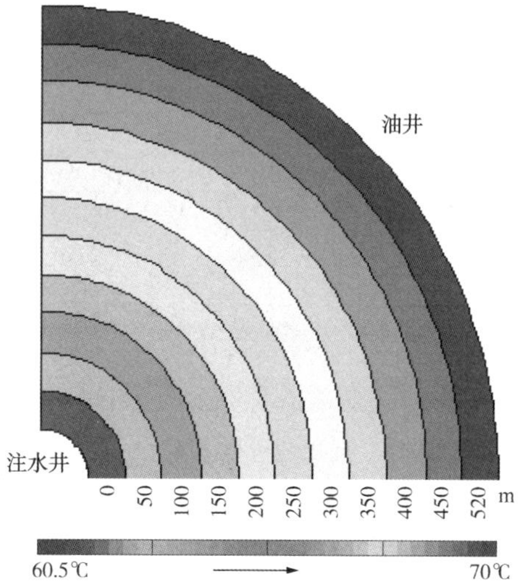

图 3-30　西 31-14 井 5 年后地层温度场分布

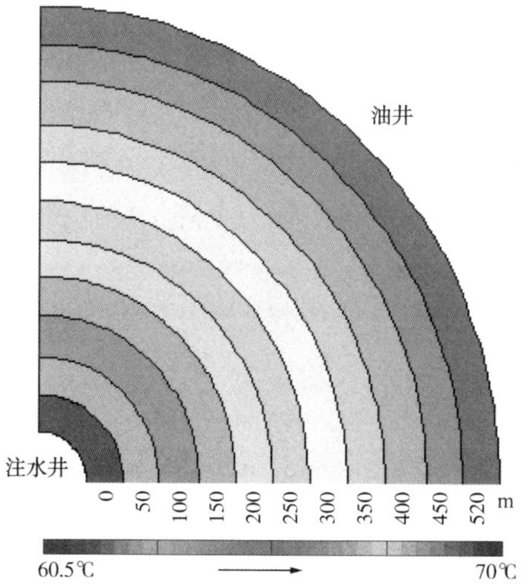

图 3-31　西 31-14 井 10 年后地层温度场分布

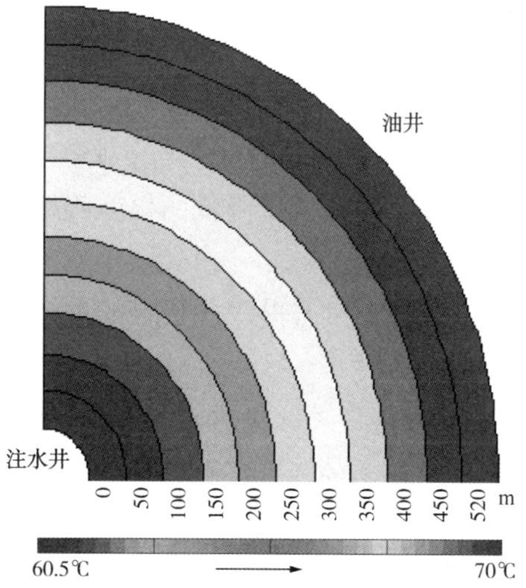

图 3-32　西 33-16 井 1 年后地层温度场分布

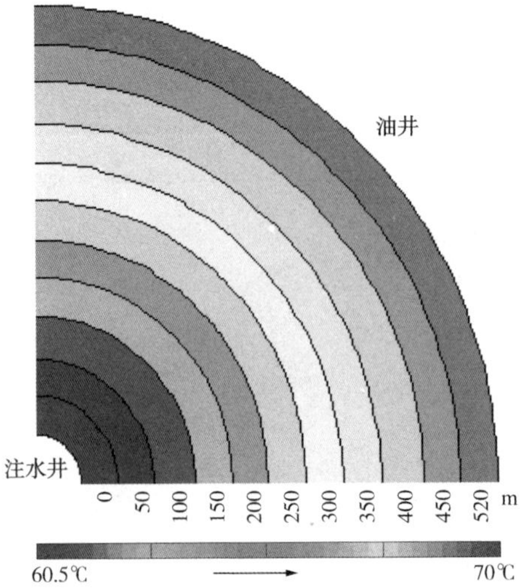

图 3-33　西 33-16 井 5 年后
地层温度场分布

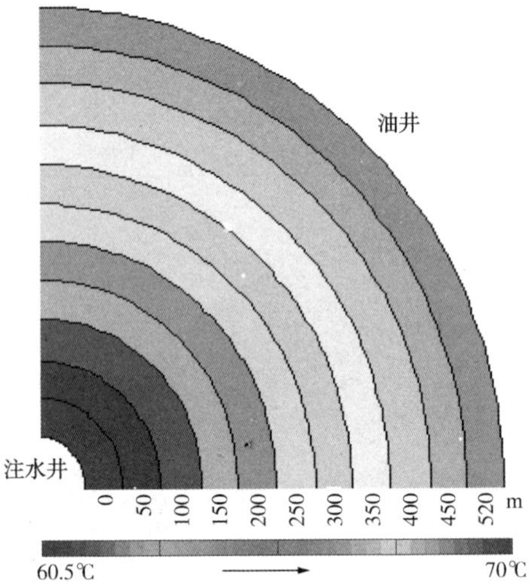

图 3-34　西 33-16 井 10 年后
地层温度场分布

三、采油井井筒温度场计算

西峰油田长 8 储层原油气油比和饱和压力普遍较高，分别为 107~119m^3/t 和 12.35MPa。气油比和饱和压力较高，会导致井筒流体在沿井筒方向上流动过程中，其压力降到饱和压力以下后，气体发生分离，产生焦耳-汤姆逊效应，使流体温度降低。当温度降到析蜡点温度以下时，导致原来溶解在油中的蜡析出，遇到有利的生长环境，蜡就会沉积下来，蜡晶慢慢长大形成堵塞。生产气油比越大，即原油中溶解的气体组分越多，在同一压力(低于饱和压力)下分离出来的气体越多，流体温度降低的幅度值越大，原油对蜡的溶解能力下降，越有利于蜡的结晶和析出。

为了了解油井井筒中析蜡的大体位置，利用热力学的方法对井筒温度场温度分布进行了计算。

1. 井筒沿井深方向温度分布计算方法

油层产出的油气混合物从井底上升时，历经散热、脱气及气体膨胀、析蜡等过程。在井筒上截取 dl 长的微元，并取坐标 l 的正方向向上，进行能量平衡的分析。假设脱气及气体膨胀做功与油气的举升相抵消，又假设析蜡放出的热均匀分布于全井筒，并作为内热源，则可写出能量平衡方程式：

$$k\pi \mathrm{d}[\theta-(t'_{o}-ml)]\,\mathrm{d}l+(G_f+G_g)g\mathrm{d}l-q\mathrm{d}l=-(G_fC_fG_gC_g)\,\mathrm{d}\theta \quad (3\text{-}20)$$

又可简化为：

$$k_1[\theta - (t'_o - ml)]\mathrm{d}l + (G_f + G_g)g\mathrm{d}l - \dot{q}\mathrm{d}l = -W\mathrm{d}\theta \tag{3-21}$$

式中 k_1——从油管中流体至地层间单位管长的传热系数，W/(m·℃)，$k_1=k\pi d$，k 也是传热系数，但针对 $1m^2$ 油管表面积而言，W/(m²·℃)；

θ——油管中混合油气的温度,℃；

t'_o——井地原始地层温度,℃；

m——地层梯度,℃/m，通常 $m=0.03\sim0.05$℃/m；

l——从井底至井中某一深度的垂直距离，m；

$\dot{q}$——通过油管的石油析蜡时放出的溶解热，分摊于全筒，作为内热源，对于含蜡很高的原油，内热源作用不可忽略，W/m；

G_f，G_g——相应为产出石油和伴生气通过油管的质量流率，kg/s；

$(G_f+G_g)g\mathrm{d}l$——油气混合物的举升功，实际上可忽略不计；

$W=G_fC_f+G_gC_g$——称为水当量，而 C_f，C_g 相应为石油及伴生气的比热，J/(kg·℃)。

在忽略举升功后，式(3-21)的解为：

$$\theta = Ce^{-\frac{k_1}{W}l} + (t'_o - ml) + \frac{Wm + \dot{q}_1}{k_1} \tag{3-22}$$

式(3-22)的边界条件是：在井底，$l=0$，$\theta=t'_o$，而

$$C = -\frac{Wm + \dot{q}_1}{k_1} \tag{3-23}$$

则

$$\theta = \frac{Wm + \dot{q}_1}{k_1}(1 - e^{-\frac{k_1}{W}l}) + (t'_o - ml) \tag{3-24}$$

实际上，一般情况下，原油含蜡量不超过 30% 时，析蜡影响亦可忽略不计，即：

$$\theta = \frac{Wm}{k_1}(1 - e^{-\frac{k_1}{W}l}) + (t'_o - ml) \tag{3-25}$$

2. 井筒沿井深方向温度分布计算结果

用可视化程序，通过计算机编程，对西 29－21、西 29－5、西 30－18、西 30-25、西 30-19、西 30-21 六口油井进行了井筒温度场计算。其基本数据见附录一。计算结果如图 3-35~图 3-40 所示。

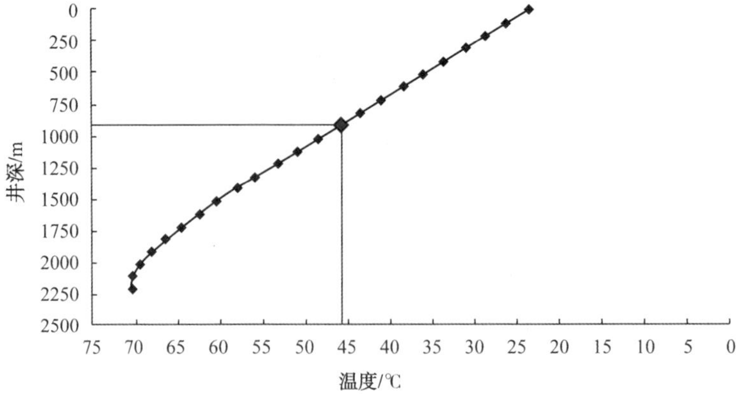

图 3-35　西 29-21 井井筒温度场分布图

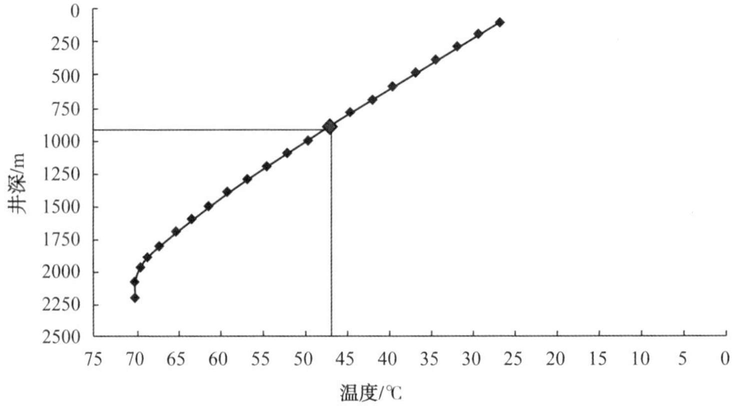

图 3-36　西 29-5 井井筒温度场分布图

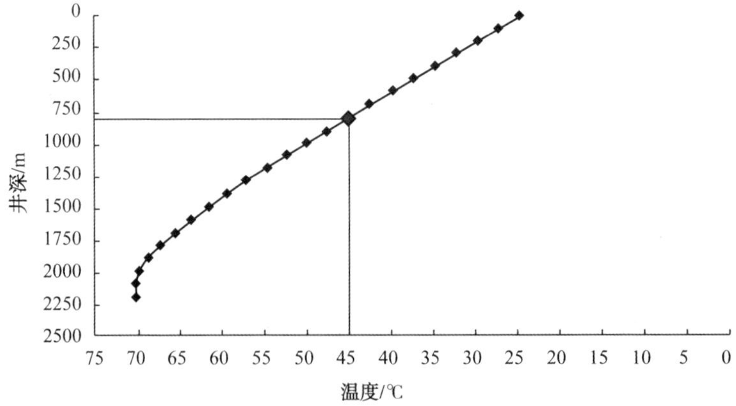

图 3-37　西 30-18 井井筒温度场分布图

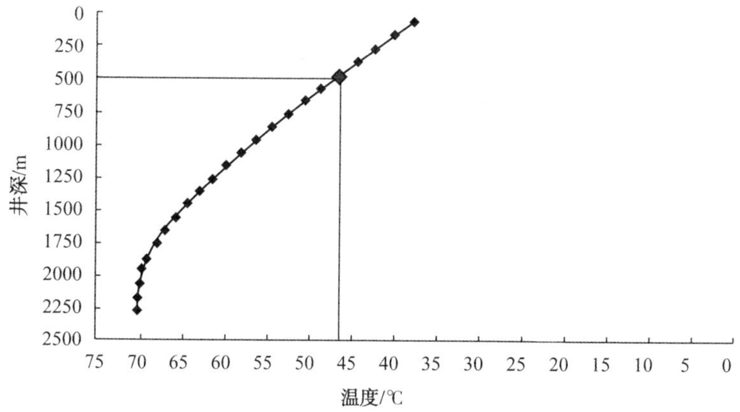

图 3-38　西 30-25 井井筒温度场分布图

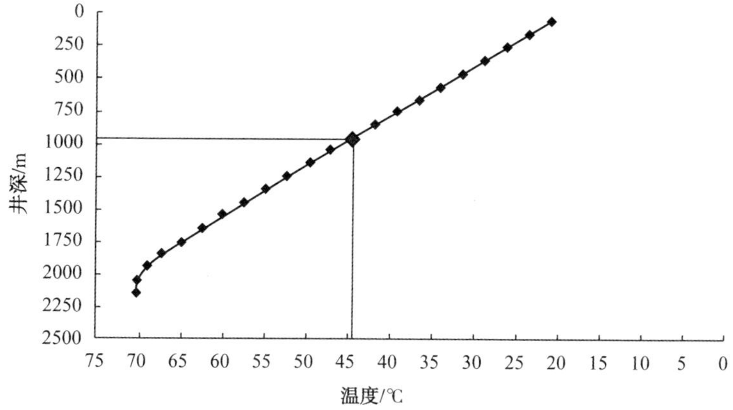

图 3-39　西 30-19 井井筒温度场分布图

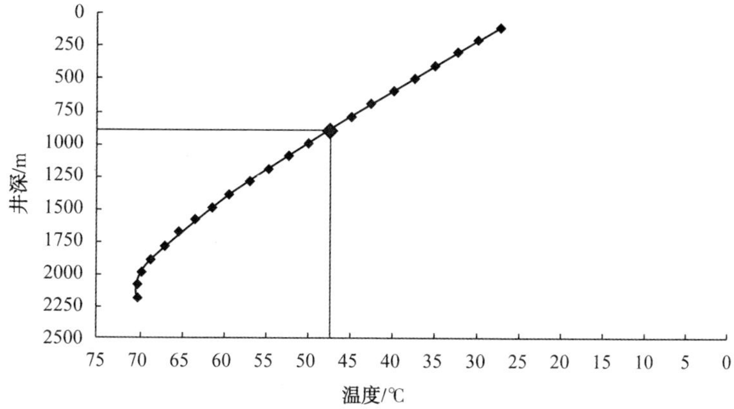

图 3-40　西 30-21 井井筒温度场分布图

由图 3-35~图 3-40 可以看出，除了西 30-25 井外，其他 5 口井在井深 800~950m 流体温度就降到析蜡点温度 45℃，井筒开始结蜡。所以在对井筒进行清防蜡措施时，应在靠近井筒结蜡的部位采取适当措施，可以取得较好的效果。

油井沿井筒方向的温度分布和结蜡量除了与井深有关外，还与产液量和含水率有关。随着产液量的增加，流体的流动速度加快，流体向上流动时能够保持较高的温度，使得处于溶解状态的蜡含量增高，进而析出的蜡相对减少，所以使井筒结蜡厚度减小。同时产液量越大液体携带的热量越多，热交换越快，井筒内的温度可以维持在较高的水平。如图 3-38 所示，西 30-25 井是 6 口井中产液量最高的，所以其井筒温度下降较慢，在井深 500m 左右时温度降到析蜡点附近。

西峰油田的地层水和注入水相容性差，两者混合后，在地层条件下有无机垢生成；当地层水与注入水比例为 9∶1 时也就是注水初期结垢最为严重，成分以 $CaCO_3$ 为主，占 85%以上，含有少量的 $BaSO_4$ 垢；并且随着油田注水开发时间的增长和地层压力的下降会导致结垢现象的加重；结垢对储层的渗透率与孔隙度均有很大的伤害作用。

西峰油田原油在地下条件下，原油性质较好，但含蜡量较高，为 10.1%~12.7%；测试结果表明西峰油田原油凝固点为 17.5℃左右，析蜡点为 45~50℃；地层温度场计算结果表明，在现行的注水量下，注水开发 10 年后储层温度下降值小于 5℃，仍在析蜡温度以上；在原油从井底向井口流动的过程中，由于温度和压力的降低导致蜡析出，在油管和抽油杆形成蜡沉积给生产带来麻烦；温度场计算结果表明，井筒的析蜡位置一般在 900m 左右，并且随着产液量的增大而逐渐变浅。

可见注入水与地层水不配伍造成储层结垢以及由于注水和生产造成近井地带、井筒(抽油杆)有机垢堵塞是西峰油田注水压力升高、注不进的一个重要外在因素。

第四章　西峰油田降压增注和增产措施效果分析

西峰油田作为我国少有的几个整装低渗透油田之一，主要采用超前注水的开发方式来保持地层能量，增加原油产量。但是前面的研究表明，西峰油田在注水开发过程中由于注入水与地层水不配伍产生有机垢堵塞和由于近井地带温度压力降低导致有机垢沉积等原因，致使注水压力上升快、注不进，水井欠注严重，导致油井产量下降比较严重。为了增加注水量稳定原油产量，西峰油田采取了诸多解堵、降压增注和增产措施，但是效果都不理想。所以，认真分析总结这些措施失败或者效果不明显的原因，对今后改进措施方式或配方具有重要的实际意义。

第一节　西峰油田降压增注措施效果分析

通过资料调研，选取西峰油田进行过措施增注或增产的典型注水井和采油井进行效果分析，如表 4-1 和表 4-2 所示。由表 4-1 可以看出，措施注水井在投注初期日配注量均能满足配注要求，但是随着注水时间的增长，注水堵塞越来越严重，注水压力升高，日注入量达不到配注要求，导致地层亏空、油井产量降低；由表 4-2 可知，虽然采油井在开采初期产液量较高，含水率也较低，但是随着开发时间的增长，储层堵塞、注水井欠注比较严重，产液量下降明显，含水率上升。尽管多数油井都经过压裂酸化改造，但是有效期较短，增油效果不明显。

通过对比发现，西峰低渗透油田所采取的降压增注和增产措施主要以酸化和压裂为主，调剖为辅。而且酸化时多采用浓度 10%～12%HCl+2%～4%HF 的酸液配方；压裂均是采用胍胶加砂压裂。为了研究增注和增产措施对西峰油田注水量和产油量的影响，在室内进行了相关实验分析研究。

表 4-1 西峰油田部分注水井措施情况表

井 号	增注措施及效果
董 70-591	董 70-591 井于 2007 年 10 月投注初期日配注量及注入量较高，随后 2008 年 7 月调整后日配注量为 15m^3。此后日注入量逐渐下降，直至 2010 年 4 月日注入量为 0。经 2010 年 7 月实施酸化(12%HCl+2%HF)后，日注入量恢复至 14m^3，但 2 个月后日注入量降为 4m^3，油压 20.9MPa，套压 20.5MPa，有效期短
董 72-59	该井于 2005 年 6 月投注，初期配注 40m^3/d，实注 40m^3/d，油压 12.4MPa，套压 12.1MPa。2011 年 5 月实施堵水调剖，堵水后注不进。目前配注 17m^3/d，实注 0，油压 20.6MPa，套压 20.6MPa
剖 4-8	2007 年 8 月投注时，配注量为 20m^3/d，日注入量为 16m^3/d，油压 15.7MPa，套压 14.7MPa；至 2009 年 9 月日注入量降为 5m^3，油压 16.5MPa；套压 16.5MPa。2010 年 5 月实施酸化增注(12%盐酸+低伤害酸+酸化添加剂)，改造后注不进，油压 16MPa，套压 16MPa
西 25-017	该井于 2010 年 3 月投注，投注后长期达不到地质配注，至 2011 年 2 月，日配注 25m^3，日注入量为 1m^3，油压 20.1MPa，套压 20.1MPa
西 32-27	该井于 2003 年 11 月投注，2007 年 10 月进行堵水调剖后日配注量改为 20m^3，日注入量为 20m^3。但至 2008 年 9 月日注入量降为 3m^3，油压 16.5MPa；经过 2009 年 9 月酸化后日注入量为 1m^3，油压 19MPa，套压 18.5MPa。目前日配注量 20m^3，日注入量为 0，油压 16.6MPa，套压 16.8MPa
西 38-22	西 38-22 井于 2005 年 11 月转注。2008 年 6 月酸化增注措施前：配注 30m^3/d，实注 16m^3/d，油压 18.3MPa，套压 18.3MPa；措施后：配注 30m^3/d，实注 17m^3/d，油压 19.2MPa，套压 19.0MPa，措施效果不理想。2010 年 4 月胍胶加砂分层压裂增注；措施后：配注 30m^3/d，实注 14m^3/d，油压 18.7MPa，套压 19.1MPa，措施效果不理想
西 41-33	该井于 2008 年 6 月投注，日配注量 50m^3，日注入量 28m^3，油压 18MPa，套压 17.9MPa。2009 年 11 月酸化增注(12%盐酸+低伤害酸+酸化添加剂)：措施前油压 19.8MPa，套压 19.6MPa，日注水 0；措施后油压 19.0MPa，套压 18.9MPa，日水 9m^3，效果不理想。2010 年 12 月冲砂洗井：试注水压力 17MPa，流量 1.97m^3/h，措施后油压 19.2MPa，套压 19.0MPa，日注水 8m^3，效果不理想
西 41-041	该井于 2007 年 6 月投注，投注时日配注量 40m^3，日注入量 29m^3，油压 17.9MPa，套压 17.7MPa，至 2009 年 8 月日注入量为 0，油压 20.9MPa，套压 20.9MPa；2009 年 9 月实施压裂增注：增注后配注 40m^3/d，实注 40m^3/d，油压 19.8MPa，套压 19.8MPa。至 2010 年 2 月因注不够将配注量调整为 20m^3，目前日注入量为 10m^3，油压 22MPa，套压 22MPa

表 4-2 西峰油田部分采油井措施情况表

井 号	增产措施及效果
西 18-02	该井于 2002 年 5 月投产，日产油 7.32m^3，日产水 5.84m^3，含水 6.1%；由于产油量下降，含水上升先后进行过两次地层酸化(15%盐酸+1.5%HF)、一次井筒酸化(12%盐酸+1.5%HF)、两次压裂(胍胶配方)，压裂后产液量由 0.96m^3 上升到 12.81m^3，产油量由 0.76m^3 上升到 5.73m^3，但有效期仅有 6 个月，目前日产液 3.04m^3，日产油 0.61m^3，含水率达 76.3%
董 19-1	该井于 2002 年 1 月投产，初期产液量 8.35m^3，产油 6.08m^3。先后经过三次酸化解堵改造(10%盐酸)和一次压裂改造(清洁压裂液)，压裂后含水率上升较快，最高时达到 70.8%，目前日产液 1.2m^3，日产油 0.65m^3，含水率 36.1%
庄 34-1	庄 34-1 井于 2005 年 3 月投产，日产液 11.09m^3，日产油 9.09m^3；后期先后经过一次酸化解堵(12% HCl)、一次清防垢施工、一次压裂(胍胶加砂)，压裂后由日产液 1.05m^3、日产油 0.81m^3，上升到日产液 6.55m^3、日产油 3.85m^3，有效期 3 个月，目前日产液 1.4m^3，日产油 0.56m^3，含水率 53.2%
西 35-03	西 35-03 井于 2003 年 12 月投产，日产液 5.47m^3，日产水 4.35m^3，含水 6.4%，经过两次酸化(12%盐酸+4.0%HF)，一次胍胶加砂压裂，压裂后由日产液 2.58m^3，日产油 0.72m^3，上升到日产液 7.45m^3，日产油 1.89m^3，目前日产液 0.38m^3，日产油 0m^3
宁 35-31	宁 35-31 井于 2006 年 8 月投产，日产液 2.73m^3，日产油 2.21m^3，含水 4.8%，先后经过两次酸化(12%盐酸+4.0% HF)和两次胍胶加砂压裂，第二次压裂后由日产液 1.19m^3、日产油 0.95m^3，上升到日产液 7.62m^3、日产油 5.22m^3，目前日产液 1.35m^3，日产油 0.69m^3
西 47-14	西 47-14 井于 2002 年 6 月投产，投产初期日产液 9.71m^3，日产油 7.41m^3，含水 10.2%，经过三次酸化解堵(12%HCl+4.0%HF)，一次胍胶加砂压裂，压裂后由日产液 0.89m^3、日产油 0.1m^3，上升到日产液 12.05m^3、日产油 5.57m^3，目前日产液 1.87m^3，日产油 0.43m^3，含水 73.2%

第二节 无机酸酸化对西峰低渗透油藏降压增注效果的影响

一、酸敏评价实验

酸敏性是指酸液与储层岩石或流体接触产生化学反应，产生沉淀或释放颗粒而堵塞孔隙喉道，从而导致岩石中的油气渗透率降低的现象。通常采用酸敏指数（指岩石酸化前后的渗透率之差与酸化前的渗透率之比）来判断岩石的酸敏程度。

酸化是西峰低渗透油田广泛采用的解堵和增产措施，酸液进入油气层后，一方面改善油气层的渗透率，另一方面又有与油气层中的矿物及地层流体反应产生沉淀并堵塞孔喉的可能。储层的酸敏性是指酸液进入储层后与储层中的酸敏性矿物或原油作用，或产生凝胶、沉淀，或释放微粒，导致储层渗透率下降的现象。酸敏性是酸—岩、酸—原油、酸—反应产物、反应产物—反应产物及酸液中的有机物等与岩石及原油相互作用的结果。

酸敏实验的目的是研究注入酸液的酸敏程度，其本质是研究酸液与油层的配伍性，以便优选酸液配方，寻求更为有效的酸化处理方法并为现场施工工艺提供科学依据。实验参照石油与天然气行业标准《储层敏感性流动实验评价方法》（SY/T 5358—2010），按以下步骤进行：

（1）用与所配制的注入水按规定测定酸处理前的液体渗透率。

（2）向样品反向注入 0.5~1 倍孔隙体积 15%的 HCl。

（3）停驱替泵模拟关井，砂岩样品包括注酸在内的酸反应时间为 1h。

（4）开驱替泵正向驱替，注入注入水，测定酸处理后的液体渗透率。

1. 酸敏程度评价方法

驱替法评价酸敏性采用酸敏指数 I_a，即：

$$I_a = \frac{K'_f - K_{ad}}{K'_f} \times 100\%$$

式中 I_a——酸敏指数；

K'_f——酸敏处理前测定岩样渗透率，$10^{-3}\mu m^2$；

K_{ad}——酸敏处理后测定岩样渗透率，$10^{-3}\mu m^2$。

因酸敏性引起的渗透率伤害程度评价指标如表 4-3 所示。

表 4-3 酸敏损害的评价指标

酸敏指数/%	酸敏损害程度	酸敏指数/%	酸敏损害程度
$I_a \approx 0$	弱酸敏	$30<I_a \leqslant 50$	强酸敏
$0<I_a \leqslant 15$	中等偏弱酸敏	$I_a>50$	极强酸敏
$15<I_a \leqslant 30$	中等偏强酸敏		

2. 酸敏性实验结果

实验选取了西峰油田的天然岩心，进行了酸敏性评价实验，实验结果如表 4-4 和图 4-1~图 4-4 所示。由实验结果可以看出，西峰油田储层酸敏性为中等偏强到强。所以在实施酸化解堵时要慎重选择酸液配方和用量。

表 4-4　酸敏实验评价结果表

岩心号	长度/cm	直径/cm	空气渗透率/$10^{-3}\mu m^2$	孔隙度/%	液相渗透率/$10^{-3}\mu m^2$		伤害率/%	损害程度
					注液前	注液后		
1	5. 182	2. 484	0. 1728	11. 73	0. 1023	0. 0061	39. 60	强
2	4. 820	2. 480	0. 0488	6. 28	0. 0042	0. 0032	23. 40	中偏强
3	5. 034	2. 500	0. 1703	11. 25	0. 0085	0. 0061	27. 61	中偏强
4	3. 990	2. 484	0. 5533	12. 44	0. 1036	0. 0576	44. 36	强

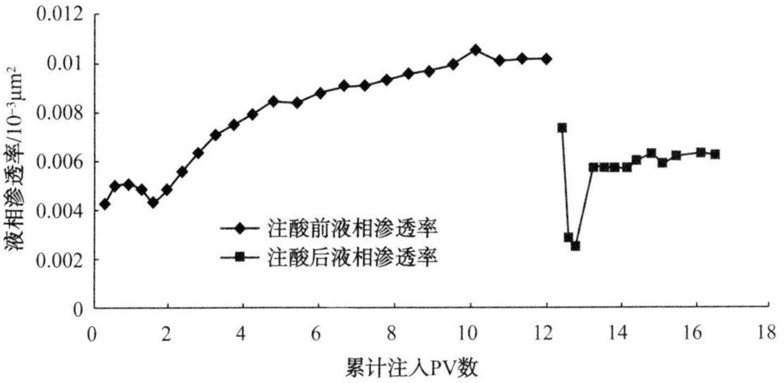

图 4-1　1 号岩心酸敏实验结果图

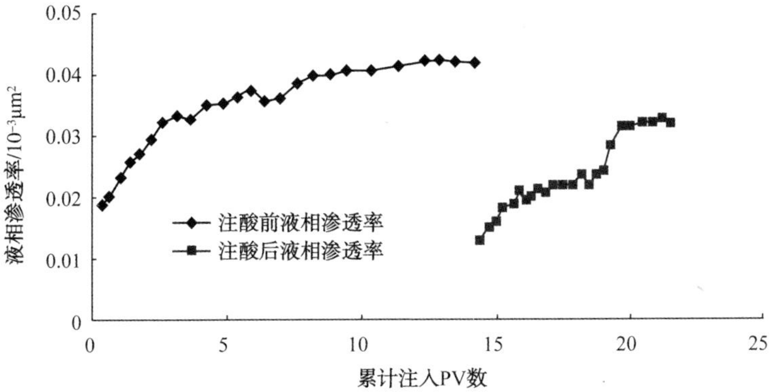

图 4-2　2 号岩心酸敏实验结果图

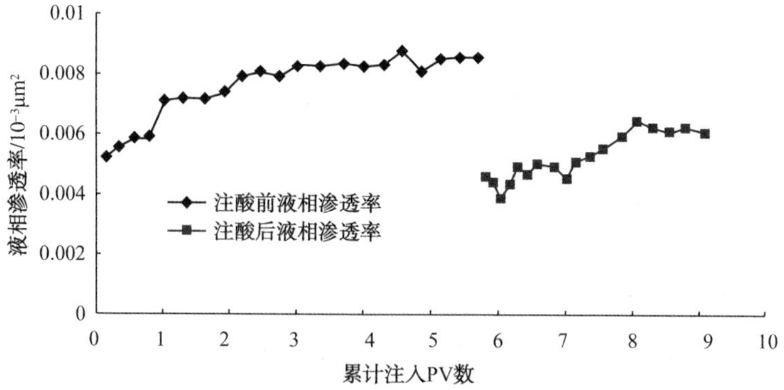

图 4-3　3 号岩心酸敏实验结果图

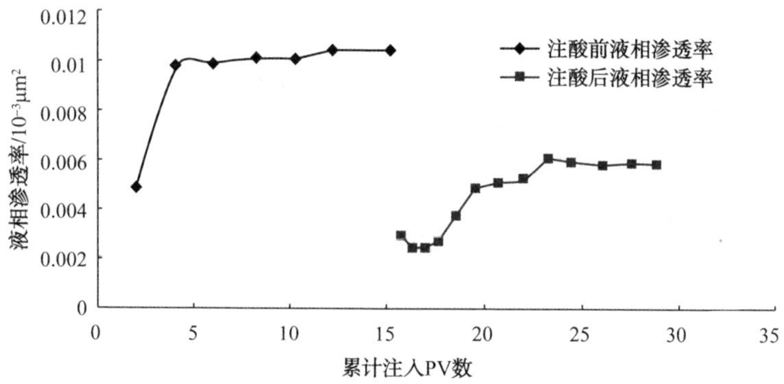

图 4-4　4 号岩心酸敏实验结果图

二、无机酸酸化对西峰低渗透储层伤害评价实验

针对西峰油田采用无机酸酸化（10%～12%HCl+2%～4%HF+添加剂）解堵效果有效期短、增产效果不明显的实际情况，结合西峰油田的储层特征尤其是孔隙结构和黏土矿物特征，在室内用现场酸液对储层伤害情况进行了研究。

1. 实验方法

实验参照石油与天然气行业标准：《储层敏感性流动实验评价方法》（SYT 5358—2010）进行。实验温度为 70℃。

2. 实验流体

实验用水为西峰油田地层水化学分析表配置的模拟地层水，酸液配方为：10%HCl+2%HF+0.5%黏土稳定剂+0.2%杀菌剂+0.5%铁离子稳定剂+0.2%助排剂。

3. 实验结果

四块岩样的酸液伤害实验结果如表4-5和图4-5~图4-8所示。

表 4-5　无机酸酸液岩心伤害实验结果表

岩心号	空气渗透率/$10^{-3}\mu m^2$	孔隙度/%	液相渗透率/$10^{-3}\mu m^2$		伤害率/%	平均伤害率/%
			注液前	注液后		
5号	0.3560	12.29	0.0521	0.0158	69.69	61.99
6号	0.2763	12.17	0.0179	0.0051	71.61	
7号	0.3220	13.78	0.0602	0.0317	47.29	
8号	0.3490	12.87	0.0862	0.0350	59.35	

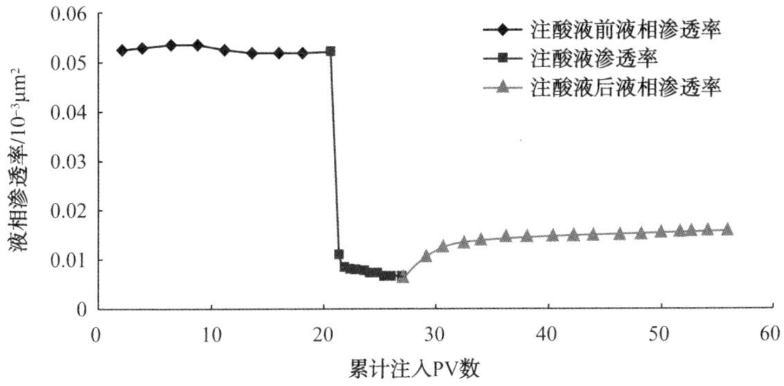

图4-5　5号样酸化实验结果图

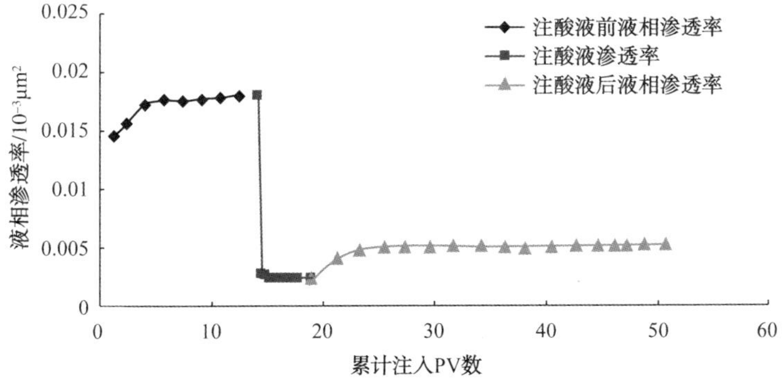

图4-6　6号样酸化实验结果图

从实验结果可以看出，现场所用酸液对储层岩心造成了很大伤害，平均伤害率达到了61.99%，可见该酸液配方并不适合于西峰低渗透油田酸化解堵改造。

综合西峰油田低渗透油藏储层特征可以看出，西峰油田储层孔喉细小，平均喉道半径最大为2.23μm，最小仅为0.09μm，多数为0.5μm左右。当10%HCl+

2%HF 混合酸液(土酸)进入储层后不仅会和储层中的 $CaCO_3$ 垢堵塞物反应，产生解堵作用，而且还会与储层中的矿物反应尤其是黏土矿物和储层的骨架——石英反应，生成细小的微粒，形成堵塞。通过前面第二章储层矿物成分分析可知，西峰油田储层中含量大量的绿泥石，平均绝对含量达到 8%。绿泥石属于酸敏性矿物，当其与强酸(土酸)反应时，生成铁的氯化物，随着酸岩反应的进行，酸液 pH 值逐步下降，当 pH 值将到 3 以下时，氯化铁会形成氢氧化铁沉淀，堵塞地层，形成二次伤害。所以，西峰油田在实施土酸酸化解堵时，要么没有效果，要么有效期很短，单井增油量很低。

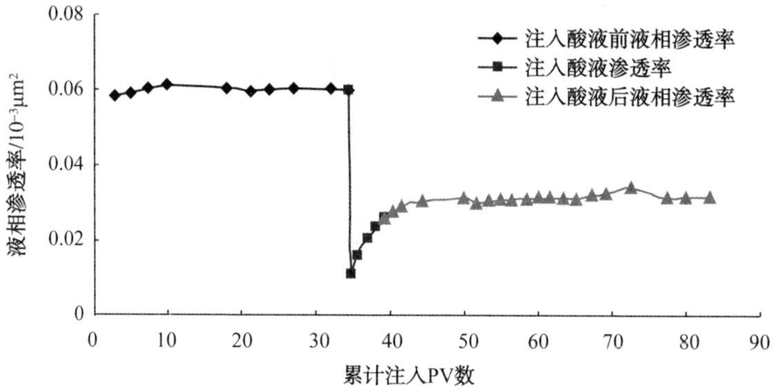

图 4-7　7 号样酸化实验结果图

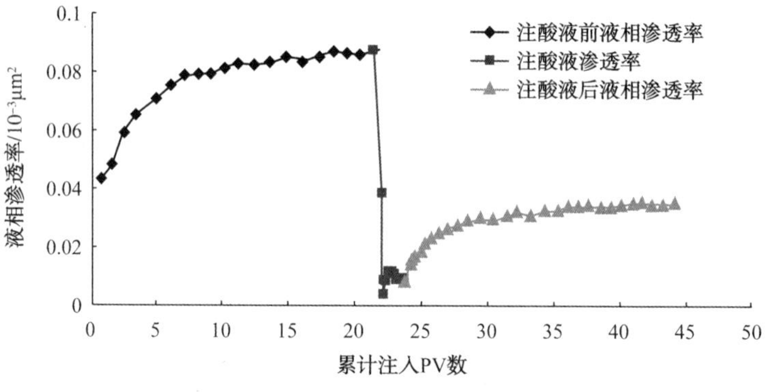

图 4-8　8 号样酸化实验结果图

第三节　压裂液滤液滤失对储层驱油效果的影响

自水力压裂应用以来，它已经成为并且将继续成为提高单井产量的基本工程手段之一。这是由于它实现了：

(1) 设置了一条有导流能力的裂缝通道通过了近井地带的伤害区，绕过了受污染的地区。

(2) 延伸了裂缝通道，使其有足够的深度进入储层，进一步提高产量。

(3) 设置了裂缝通道，致使在储层内的流体流动发生改变。

水力压裂是油气井增产、水井增注的一项重要技术措施，广泛应用于低渗透油气层，尤其是长庆油田几乎每口井都需要压裂才能形成工业油流。水力压裂主要是通过降低井底附近地层中流体的渗流阻力和改变流体的渗流状态，使原来的径向流动改变为油层与裂缝的近似单向流动和裂缝与井筒间的单向流动，消除了径向节流损失，大大降低了能量消耗，因而油气井产量或注水井注入量就会大幅度提高。水力压裂除了对低渗透油藏有增产效果外，还会对储层造成一定的伤害。

压裂液对储层的伤害主要表现在两方面：一是压裂液进入储层后在储层温度和破胶剂的作用下破胶形成的残渣对储层孔隙形成堵塞，进而降低原油产量；二是滤失到储层内部的压裂液滤液对储层孔隙和表面性质的影响，进而降低储层驱油效率。

由表 4-2 可知，西峰油田在压裂施工后，油井无论是产液量还是产油量均有较大福大的上升，但是有效期较短，可见压裂后储层孔隙并没有堵塞，而是滤失到储层内部的压裂滤液对储层造成了伤害。为了研究西峰油田现行的压裂作业对储层孔隙和表面性质的影响，在室内进行了相应的实验研究。

一、实验方法及实验流体

1. 实验方法

参照《水基压裂液性能评价方法》(SY/T 5107—2005)和《岩石中两相流体相对渗透率的测定》(SY/T 5345—2007)进行实验，并计算出岩样基质渗透率的伤害率和驱油效率等参数。实验温度为 70℃。

2. 实验流体

实验用油为航空煤油。

压裂液按照如下配方配置取其破胶液备用：

基液：0.4%CJ2-6+0.5%CF-5D+1.0%KCl+0.3COP-1+0.1%CJSJ-2。

交联剂：0.35%硼砂；交联比：100∶10。

破胶剂：0.4%APS。

二、实验结果及分析

两块岩样的压裂液伤害实验结果如表 4-6 和图 4-9、图 4-10 所示。由

表4-6可以看出，注入压裂液滤液后，岩心油相渗透率的平均伤害率为30.71%；驱油效率的平均下降值为25.12%。可见压裂液滤液对储层造成了严重伤害。

表4-6 注入压裂液滤液前后油相渗透率与驱油效率对比数据

岩心号	孔隙度/%	油相渗透率			驱油效率/%		
		注入滤液前	注入滤液后	伤害率/%	注入滤液前	注入滤液后	下降值
9	9.62	0.0136	0.0095	30.15	78.95	55.56	23.39
10	11.74	0.1564	0.1075	31.27	80	53.16	26.84

其主要原因有以下几点：

（1）基质渗透的损害对驱油效率的影响。储层岩石物性是影响采收率的重要参数，储层渗透率是其中最敏感的因素之一，渗透率反映了地下流体的流动能力。由表4-6可以看出，压裂液滤液对岩心基质平均渗透率的伤害达到30.71%。压裂液滤液进入储层后，使注水开发过程中形成了压裂液滤液-水-油三相，三相在极其狭窄的孔道中流动时，必有一相或两相不连续，呈分散状分布于连续流体中，加之孔喉细小且弯曲度大，使得黏滞力、毛细管压力和附着力等各种阻力增大，这势必会影响油相渗透率。由注入压裂液滤液前后油水的相对渗透率曲线可以看出(图4-9和图4-10)，注入压裂液滤液后油相的相对渗透率下降速度明显加快，残余油饱和度大于注入压裂液滤液前。由达西定律知，油的相对渗透率降低，产油量也会随之降低。

（2）润湿性的变化对驱油效率的影响。岩石润湿性是岩石-流体的综合特性。由于油藏岩石润湿性在很大程度上对孔隙中流体的分布起着控制作用，因而必然在注水开发的过程中对驱油效率产生影响。由图4-9和图4-10(注入压裂液滤液前后油水的相对渗透率曲线)，根据克雷格法则判断出注入压裂液滤液前后岩心润湿性的变化。通过对比注入压裂液滤液前后润湿性变化情况及相对渗透率曲线形状可以看出，注入压裂液滤液后的相对渗透率曲线等渗点处的含水饱和度值稍微向左移动，残余油处的水相相对渗透率值均高于或接近于注入压裂液滤液前。这些特征表明，注入压裂液滤液的岩心润湿性比注入压裂液滤液前略偏中性。润湿性的改变将影响油水的分布，注入压裂液滤液的岩心润湿性由注入前的弱水湿变为偏中性，将使得一部分油吸附在孔隙表面形成剩余油，所以注入压裂液滤液后岩心驱油效率有所降低。

（3）毛细管压力的变化对驱油效率的影响。现在普遍认为，压裂液滤液后岩心基质渗透率的伤害是由于含有高分子聚合物的水基压裂液滤液在岩心内的吸附滞留引起的。矿物表面结构，特别是比表面积对吸附性能的影响很大。由于低渗透储层的孔喉结构特征差异大，以细孔、细喉为主，使得比表面积大，对压裂液滤液的吸附作用明显。这种固体表面对高分子的吸附是十分牢固的，它具有反常的力学性质及很高的抗剪切能力，几乎无法用机械的方法除去。这一薄膜的存在必将导致孔隙半径变小。由任意界面的拉普拉斯方程可知，毛细管压力的大小与多孔介质的半径成反比。孔隙半径的减小将使毛细管压力增大、油水渗流阻力增大，使一部原油因毛细管阻力的增大而滞留在空隙中形成残余油，导致驱油效率降低。

油田原油采收率是驱油效率与波及体积的乘积，驱油效率的降低自然会导致采收率的降低。所以提高压裂液的破胶程度，降低压裂液滤液对储层的伤害程度是提高水力压裂增产效率、延长有效期的一个重要途径。

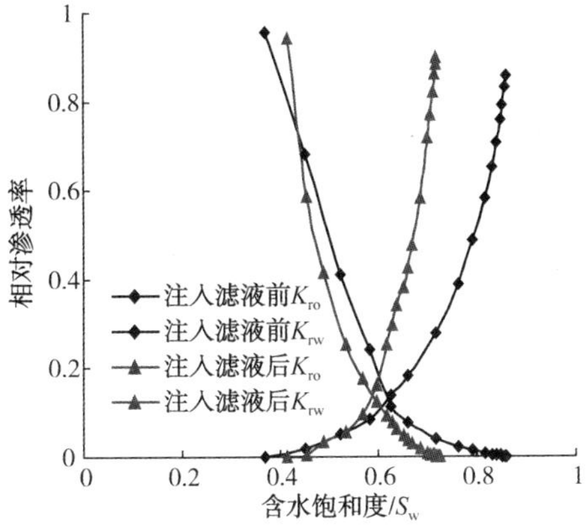

图 4-9　9 号岩心注入压裂液滤液前后相渗曲线图

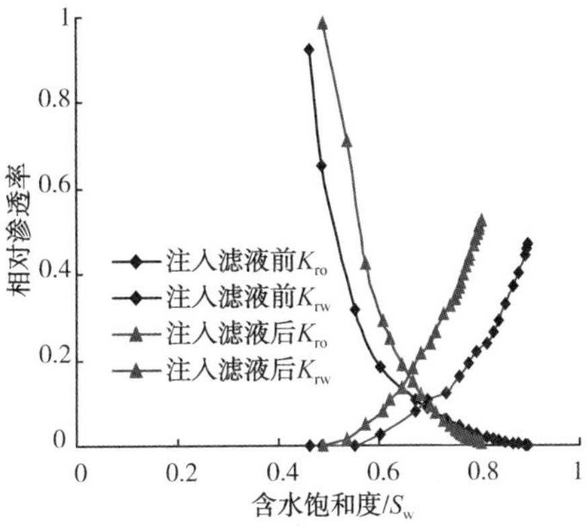

图 4-10　10 号岩心注入压裂液滤液前后相渗曲线图

第四节　有机酸酸化解堵与前置酸压裂解堵增产技术评价

一、有机酸酸化解堵技术实验研究

无机酸酸化评价实验表明，无机酸并不适合于在具有黏土含量高、储层孔隙结构复杂等特征的西峰低渗透油田应用。为了寻找适合于西峰油田的解堵酸液配方，在室内进行了相关实验研究。

有机酸是指一些具有酸性的有机化合物，其水溶液中氢离子的电离速度要明显小于无机酸(如盐酸、氢氟酸等)。最常见的有机酸是羧酸，其酸性源于羧基(—COOH)。油田常用的有机酸主要有甲酸和乙酸。在室内参照相关行业标准进行了有机酸对西峰油田低渗透储层的适应性分析。

参照无机酸酸化评价方法对酸液一(10%甲酸+添加剂)和酸液二(10%乙酸+添加剂)的酸化效果进行了评价。实验结果如表4-7和图4-11~图4-14所示。

表4-7　有机酸酸液岩心伤害实验结果表

岩心号	空气渗透率/$10^{-3}\mu m^2$	孔隙度/%	液相渗透率/$10^{-3}\mu m^2$		改善率/%	平均改善率/%	酸　液
			注酸前	注酸后			
11	0.2267	10.63	0.0589	0.3667	457.55	491.325	酸液一
12	0.3301	11.93	0.0317	0.1767	525.10		
13	0.3256	11.86	0.0754	0.6874	812.20	859.65	酸液二
14	0.3313	12.01	0.0610	0.6144	907.09		

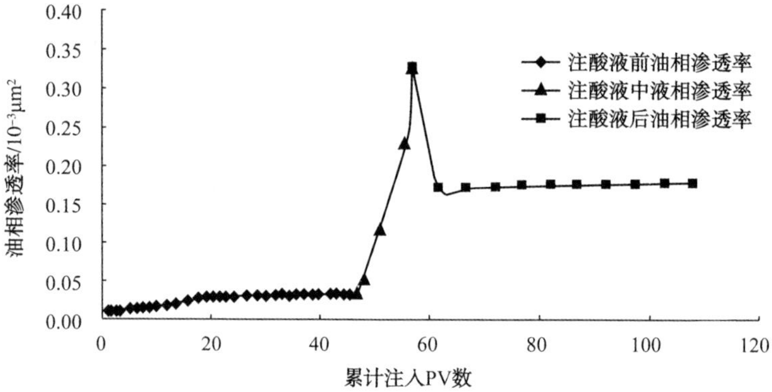

图4-11　11号岩心酸化前后渗透率与累计注入PV数关系曲线

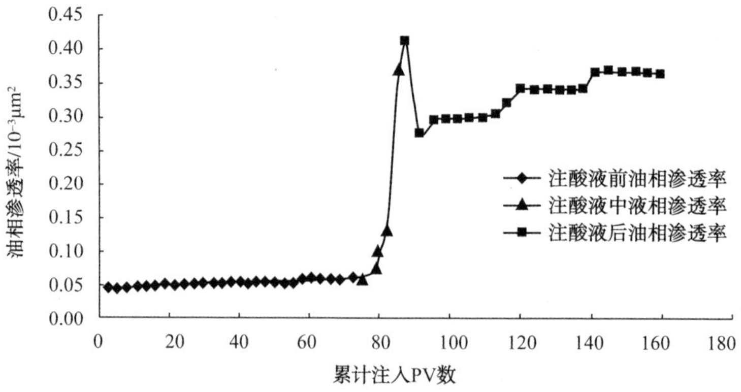

图4-12　12号岩心酸化前后渗透率与累计注入PV数关系曲线

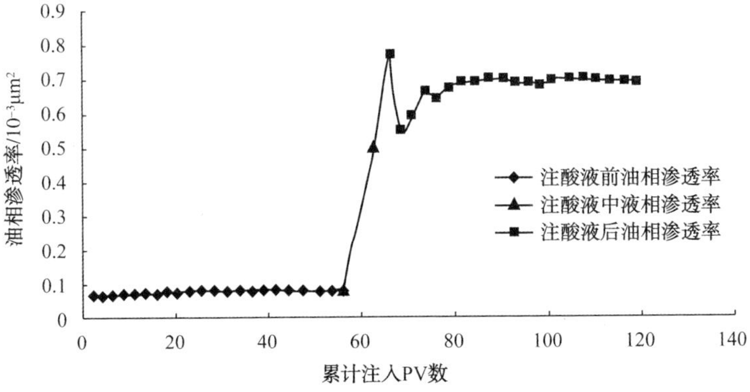

图 4-13 13 号岩心酸化前后渗透率与累计注入 PV 数关系曲线

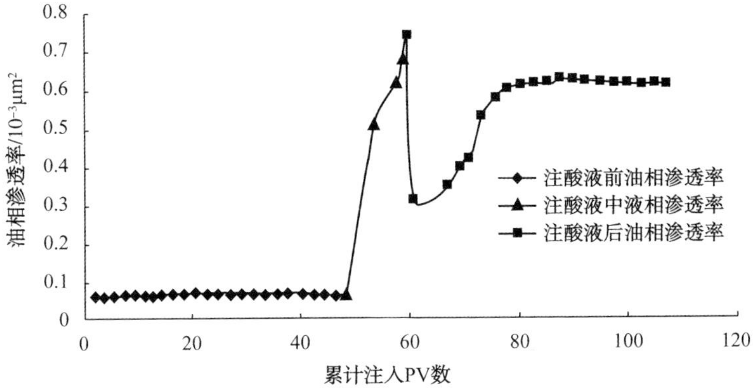

图 4-14 14 号岩心酸化前后渗透率与累计注入 PV 数关系曲线

由表 4-7 和图 4-11~图 4-14 可看出，酸液一和酸液二对岩心都有良好的酸化解堵效果，并且酸液二的效果要明显优于酸液一。

甲酸和乙酸都是有机酸，它们在水中只有一小部分离解为氢离子和羧酸根离子，而且离解常数很低。甲酸的离解常数为 2.1×10^{-4}，乙酸的离解常数为 1.8×10^{-5}，而盐酸的离解常数趋于无穷大，甲酸与乙酸的反应速度要比相同质量分数的盐酸要慢几倍到几十倍。所以，在反应时间上甲酸和乙酸可以持续比常规土酸更长的时间，并且反应强度要比常规土酸弱得多。所以只是将岩心中的堵塞物质(如 $CaCO_3$ 垢)溶蚀掉了，并没有伤及岩石骨架，生产二次伤害的可能性小。由于有机酸具有很好的缓速性质，在低渗透油藏应用时，采用大剂量注入可以有效地解除储层深部的堵塞。

产生这样的效果，除了与酸液本身的溶蚀和缓速性能外，还与乙酸是很好的铁离子稳定剂有关。乙酸作为铁离子稳定剂能对酸化过程生成的铁离子起到稳定作用避免产生氢氧化铁、酸渣等沉淀堵塞渗流通道。

二、前置酸压裂增产技术实验分析

西峰油田所用的胍胶压裂液体系是在弱碱性条件下交联，而在酸性环境下会加速其破胶。为了降低压裂液对储层的伤害，在压裂施工前，将酸液在高于破裂压力的情况下泵入地层，使一部分酸液处于裂缝最前缘，一部分酸液滤失到裂缝壁面，再挤入一定量的隔离液，将酸液和压裂液相隔离，防止压裂液遇酸后水化破胶影响压裂液性能，导致压裂失败，随后继续泵入携砂液、顶替液，完成压裂施工。

当酸液沿着裂缝流动进入地层后，与储层岩石基质接触，开始溶解储层中的泥质及酸溶成分，沟通微裂缝。压裂施工结束后，随着压裂液的放喷或抽汲，滤入裂缝两侧的酸液和裂缝前缘的酸液沿人工加砂裂缝排出地层，对破胶不彻底的压裂液进行破胶，进一步降低裂缝内的压裂液残渣含量，对人工裂缝进行清洗，防止了地层的二次污染，提高了填砂裂缝的导流能力，以及裂缝两侧基质的渗透率，可有效提高压裂施工效果。

在室内模拟储层温度，对前置酸压裂复合作业方式对岩心的损害程度以及酸液与压裂液的优化组合进行了评价。

1. 实验方法

实验方法参照《水基压裂液性能评价方法》(SY/T 5107—2005)进行，在注入压裂液滤液前，反向注入1~2倍孔隙体积的酸液。

2. 实验结果

1）第一组实验

酸液配方：1.5%盐酸+3%乙酸+6%甲酸+添加剂。

压裂液基液：0.4%CJ2-6+0.5%CF-5D+1.0%KCl+0.3COP-1+0.1%CJSJ-2。

交联剂：0.35%硼砂；交联比：100∶10。

破胶剂：0.4%APS。

实验结果如表4-8和图4-15所示。

表4-8 十五号岩心前置酸压裂实验结果表

岩心号	空气渗透率/$10^{-3}\mu m^2$	孔隙度/%	液相渗透率/$10^{-3}\mu m^2$		伤害率/%
			注酸前	注酸后	
15	0.1124	10.2	0.02306	0.02108	8.60

2）第二组实验

酸液配方：3%盐酸+6%甲酸+添加剂。

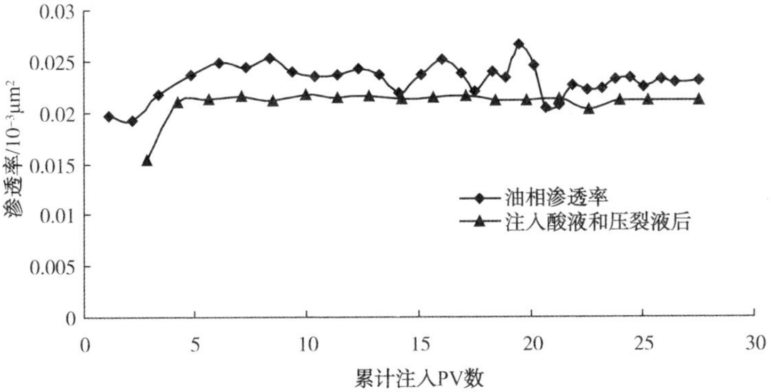

图 4-15 16 号岩心渗透率与累积注入 PV 数的关系

压裂液基液：0.4%CJ2-6+0.5%CF-5D+1.0%KCl+0.3COP-1+0.1%CJSJ-2。

交联剂：0.35%硼砂；交联比：100∶10。

破胶剂：0.4%APS。

实验结果如表 4-9 和图 4-16 所示。

表 4-9 十六号岩心前置酸压裂实验结果表

岩心号	空气渗透率/$10^{-3}\mu m^2$	孔隙度/%	液相渗透率/$10^{-3}\mu m^2$		伤害率/%
			注酸前	注酸后	
16	0.1221	11.94	0.004482	0.003346	25.35

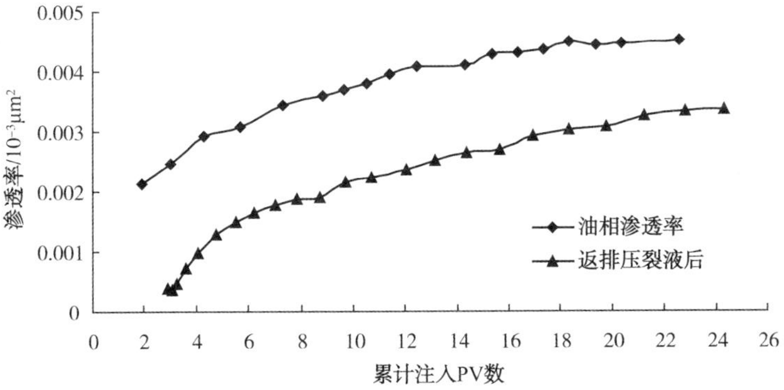

图 4-16 16 号岩心渗透率与累计注入 PV 数的关系

3）第三组实验

酸液配方：1%盐酸+6%乙酸+2%甲酸+添加剂。

压裂液基液：0.4%CJ2-6+0.5%CF-5D+1.0%KCl+0.3COP-1+0.1%CJSJ-2。

交联剂：0.35%硼砂；交联比：100∶10。

破胶剂：0.4%APS。

实验结果如表4-10和图4-17所示。

表4-10　十七号岩心前置酸压裂实验结果表

岩心号	空气渗透率/$10^{-3}\mu m^2$	孔隙度/%	液相渗透率/$10^{-3}\mu m^2$		伤害率/%
			注酸前	注酸后	
17	0.0987	10.19	0.0042	0.0045	-7.4

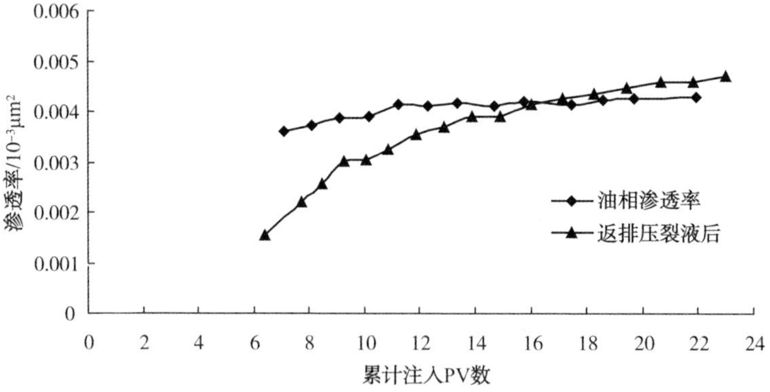

图4-17　17号岩心渗透率与累计注入PV数的关系

由以上三组实验可以看出，在压裂前向储层中高压注入一定量的酸液能促使压裂液破胶，很好地降低压裂液滤液对储层渗透的伤害，甚至可以改善储层的渗透能力。三个酸液配方中以配方三最好，配方一次之，配方二最差。配方三酸液中盐酸浓度最低，乙酸浓度最高，在这一组合中盐酸是强电解质，在水溶液中完全离解，而乙酸为弱酸，在水溶液中缓慢离解出H^+。在盐酸存在的条件下，受同离子效应影响，乙酸的水解反应向生成难水解的乙酸方向进行；当盐酸成为残酸，H^+消耗殆尽时，乙酸水解生成更多的H^+，以维持反应体系的低pH值，减小了酸岩反应产物产生伤害的程度。同时，使用较高浓度的乙酸还起到稳定铁离子的作用。酸液二中盐酸浓度过高，容易产生二次伤害而堵塞地层，所以建议在配置酸液时将盐酸的浓度控制在1%左右，适当增加乙酸的浓度。

由于西峰油田储层孔隙结构复杂、孔喉细小、酸敏性矿物含量高等内在原因，致使西峰低渗透油田储层土酸酸化解堵和水力压裂增产措施效果不明显，有效期短；采用有机酸对储层进行酸化不仅能够解除储层堵塞起到降压增注的作用，而且能有效地防止二次伤害的发生；前置酸压裂技术综合了酸化和压裂二者的优点，两种技术组合使用能够有效地降低压裂液滤液对储层的伤害，延长压裂增产的有效期。

第五章　低渗透油藏注空气原油低温氧化实验研究

通过对西峰油田低渗透油藏储层特征和注水压力升高、产油量下降的原因分析可以看出：注入水与地层水不配伍是导致储层堵塞主要原因；孔隙结构复杂、水井欠注严重、压力传导率低是该地区生产井产油量低的重要影响因素。虽然有机酸酸化和前置酸压裂能够解除储层堵塞和增加储层的渗流能力，起到降压、增注、增产的目的，但是起不到标本兼治的作用，必须寻找一种既能避免由于水质不配伍而产生结垢的现象，又能有效保持地层能量使油井稳产，同时又能有效缓解该地区水资源紧张和环境保护压力的有效开发方式。

空气泡沫驱作为一种结合了泡沫驱和空气驱诸多优点的低渗透油田的开发方式近年来备受青睐。空气泡沫驱不仅能起到一般低渗透油藏注空气低温氧化提高原油采收率的作用，而且生成的空气泡沫既可以封堵气窜，起到调剖作用，又能提高波及体积与驱油效率。所以在研究西峰低渗透油田空气泡沫驱之前，首先要对空气与西峰油田原油低温氧化反应性能进行研究。

为初步了解西峰低渗透油藏原油的低温氧化性能，进行了多孔介质中原油低温氧化实验研究。在油藏多孔介质条件下，空气与原油充分接触，有助于原油与空气的低温氧化反应，可使气体中含氧量进一步降低。通过一组多孔介质中原油低温氧化实验评价西峰低渗透油藏原油在多孔介质条件下发生低温氧化反应的能力，研究发生低温氧化反应后原油和气体组成的变化。

第一节　注空气原油发生氧化反应原理

当原油和空气接触时既可以发生高温氧化反应(HTO)，也可以发生低温氧化反应(LTO)。对于原油中碳氢化合物的氧化过程可以通过下列化学反应方程式描述：

完全燃烧：

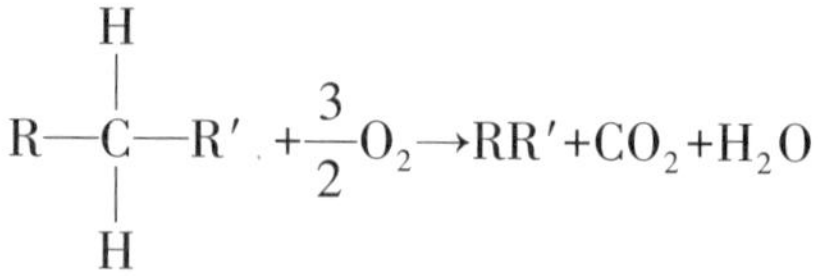

不完全燃烧：

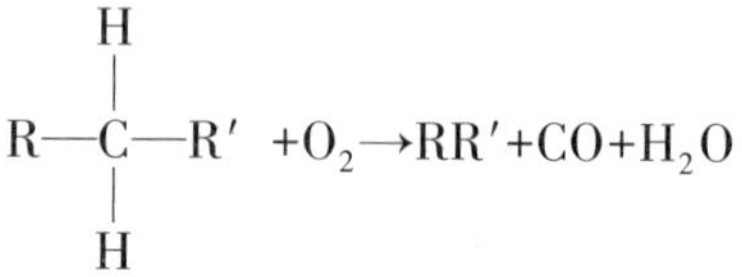

氧化成羧酸：

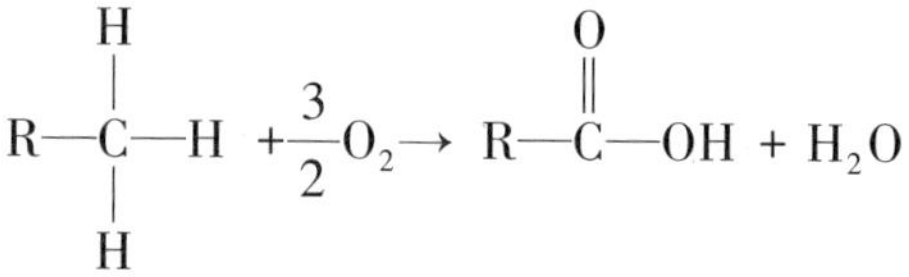

氧化成醛：

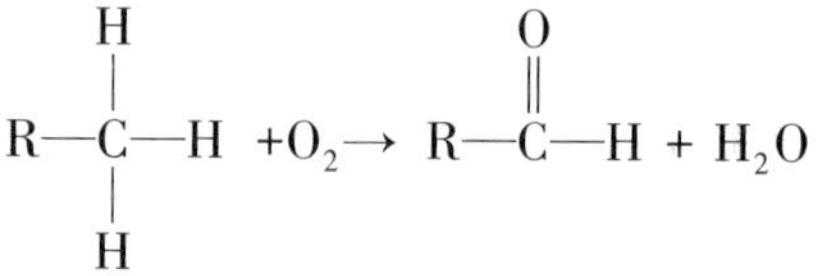

氧化成酮：

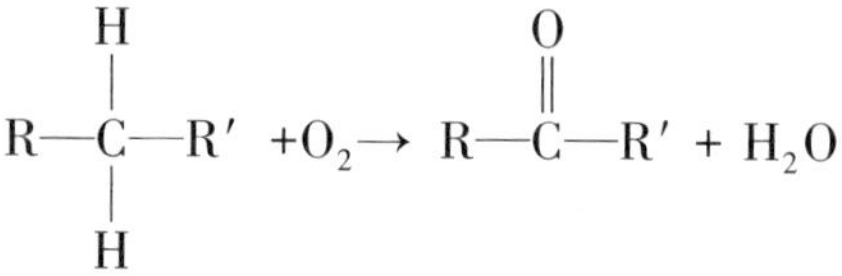

氧化成乙醇：

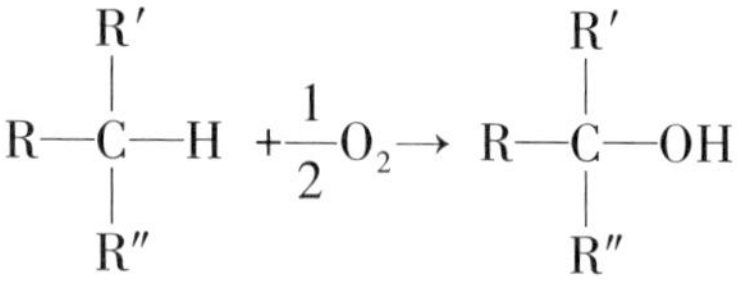

氧化成过氧化物：

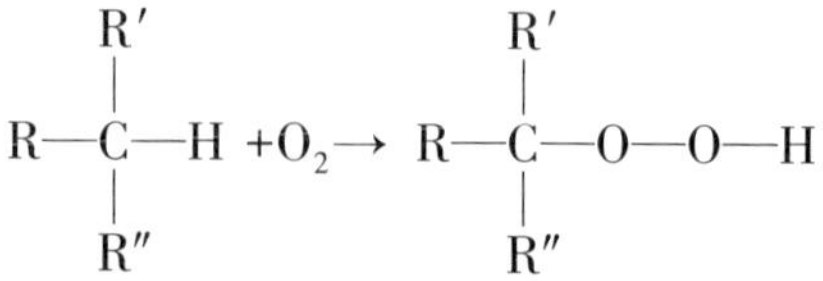

完全燃烧和不完全燃烧反应式被称为裂解反应。裂解反应只发生在高温条件下，反应中氧气燃烧分解烃分子，生成二氧化碳、一氧化碳和水。氧化成羧酸和

氧化成过氧化物反应式被称为加氧反应。加氧反应发生在低温条件下，反应中氧原子与烃分子连接，生成羧酸、醛、酮、醇、过氧化物和水，几乎不生成二氧化碳和一氧化碳。但加氧反应的生成物很不稳定，在氧气充足的条件下其可以再度被氧化转化成一氧化碳和二氧化碳。因此，原油的氧化过程十分复杂，不能用单一的反应途径和简单的反应产物来描述。

通常我们用图 5-1 描述一个碳氢化合物的低温氧化途径，首先氧原子和碳氢化合物分子发生加氧反应，生成的羧酸、醛、酮、醇和过氧化物等中间产物，中间产物会被继续氧化生成大量碳的氧化物和水。

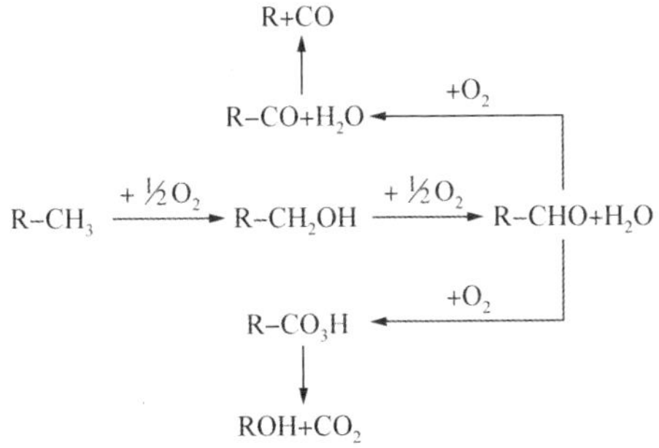

图 5-1　碳氢化合物低温氧化途径

第二节　注空气原油低温氧化反应实验方法

多孔介质中原油低温氧化实验首先是在填砂“U”形管中加入一定量油砂，量取 200mL 原油注入 U 形管的一端，然后利用充满空气的高压容器在室温下向 U 形管中注入空气至压力平衡，此后升温至 70℃，观测压力变化，至压力恒定，停止实验，将反应容器冷却至室温，对反应前后气体组成和原油组成变化进行分析，研究其反应效果。

一、实验流程

原油低温氧化实验流程如图 5-2 所示。原油低温氧化实验装置主要由高压空气注入系统、温度-压力控制及测试系统、高压反应装置和气体取样及检测系统四部分组成。

1. 高压空气注入系统

高压空气注入系统主要是通过压缩机、增压泵、高压空气瓶、标准容器和减压阀向高压反应装置中等温定压注入空气。空压机采用 Atlas Copco GX7 型固定

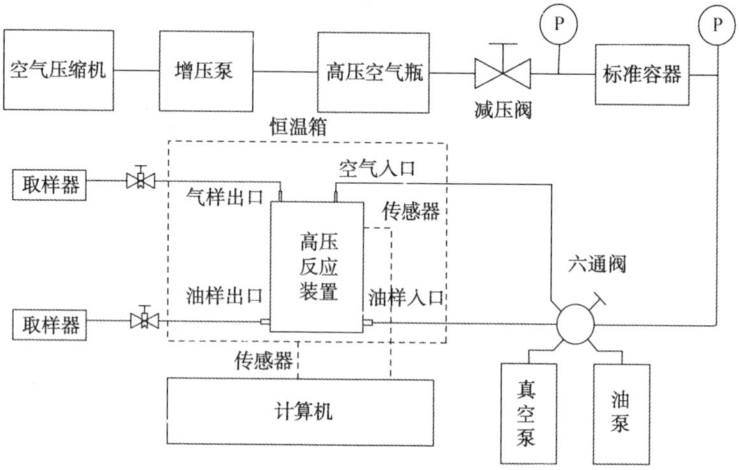

图 5-2　原油低温氧化实验流程示意图

式螺杆空气压缩机，增压泵为 HSS—100 型增压泵，标准容器为 1000mL 的高压标准(通过标准计量)容器，实验时通过高压空气瓶向标准容器注入空气，然后从标准容器向高压反应装置中等温注入空气，利用气体状态方程式计算注入高压反应装置中气体的量，从而求出反应装置内的气油比。

2. 温度-压力控制及测试控制系统

温度-压力控制及测试控制系统主要由 HW10 型强力旋流式重型恒温箱和监测系统组成。重型恒温箱内设强力热风循环系统，使恒温室内的热量交换迅速，温度场均匀而稳定。监测系统采用自行研制的 M400 数据采集软件，记录恒温箱内温度和压力传感器的数值。在软件界面上可看到所采集的压力、温度数值。界面上纵坐标是压力、温度值，横坐标为时间值，时间值可根据实验要求调整。曲线可自动刷新，也可按所选定的时间(s)刷新。实验完成后数据可按要求的时间和格式生成报表。数据监测界面如图 5-3 所示。

3. 高压反应装置

采用长 1m，直径为 3.2cm 的钢质“U”形填砂管模型。“U”形管耐腐蚀、耐酸、耐 300℃高温和耐 60MPa 高压。

4. 气体取样及检测系统

气体取样及检测系统由取样器、气相色谱分析仪、元素分析仪和棒薄层色谱仪组成。实验结束后通过高压反应装置的取样口取得气样及油样，利用气相色谱仪、元素分析仪、棒薄层色谱仪分别进行气体组分、原油元素、原油族组分和原油全烃色谱分析。气相色谱分析是利用试样中各组分在色谱柱中的气相和固定相间的分配系数不同，实现各组分的分离，然后结合适当的检测方法，检测各组分在试样中的含量。

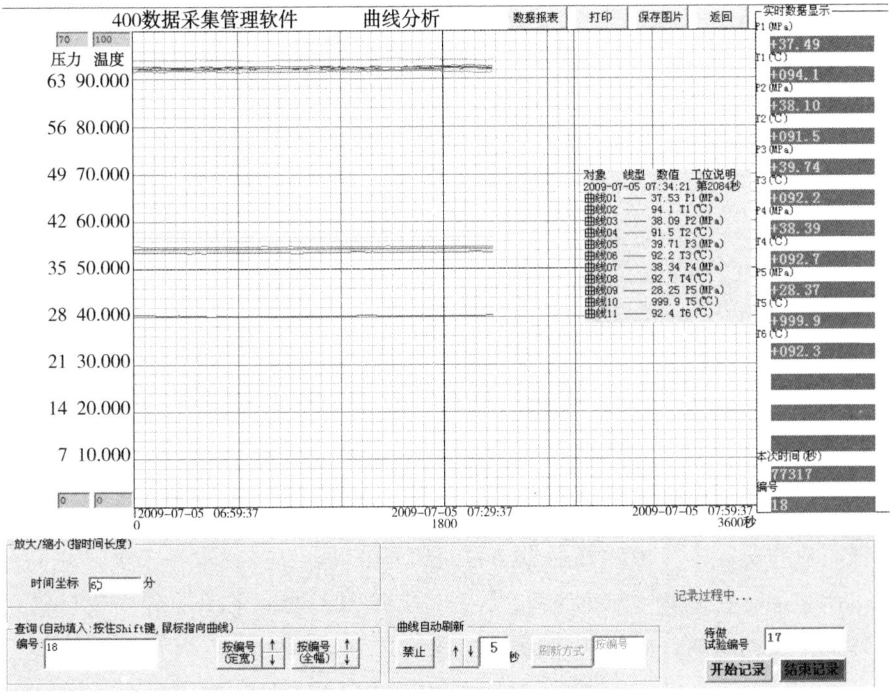

图 5-3　M400 数据采集软件监测界面

二、实验材料

(1)实验用油：西峰低渗透油藏原油。西峰低渗透油藏原油地面密度为 0.844g/cm^3，原油黏度为 5.85mPa·s，凝固点为 17.5℃，含蜡量为 10.1%。

(2)实验用水：西峰低渗透油藏地层水。按表 3-1 配置地层水。

(3)实验用气：实验当地空气。氮气含量占 77.68%，氧气含量占 21.90%，二氧化碳含量占 0.03%。20℃条件下空气密度为 1.293g/L，黏度为 0.0179mPa·s。

(4)油砂：西峰油田低渗透储层油砂。填砂模型所用的油砂粒径分布如表 5-1所示。

表 5-1　填砂粒径分布

目　数	粒径/mm	质量百分比/%
12	0.9~1.2	15.15
16	0.8~0.9	16.97
20	0.62~0.8	15.27

续表

目　数	粒径/mm	质量百分比/%
30	0.53~0.62	18.67
40	0.38~0.53	16.12
100	0.09~0.38	13.58
200	<0.09	4.24

第三节　多孔介质中原油低温氧化实验结果分析

为研究原油和空气在多孔介质中的低温氧化反应，实验设计了多孔介质中原油的低温氧化实验。在填砂管中原油和油砂充分混合，原油分布于油砂之间的孔隙中，由于油砂孔隙内总表面积很大，这样就大大增加了原油和空气的扩散面积，增加了原油和氧气间的质量传递过程。

一、多孔介质中原油低温氧化实验基础数据

为研究原油在多孔介质条件下的低温氧化性能，研究增加原油和空气接触面积后对原油低温氧化反应的影响，进行了一组多孔介质中的原油低温氧化实验。实验基础数据及实验条件如表5-2和表5-3所示。实验在长为1m的U形管中进行，实验时利用充满空气的高压容器在室温下向U形管中注入空气至压力平衡，然后升温至70℃，观测压力变化，至压力恒定，停止实验。实验后分析多孔介质条件下原油发生低温氧化反应后原油和气体组成的变化。

表5-2　多孔介质中原油低温氧化基础数据表

填砂管介质	原油体积/mL	压力/MPa	温度/℃	气油比/(m^3/m^3)
油砂	200	20.2	21	493.5

表5-3　多孔介质中原油低温氧化实验条件

填砂管介质	实验温度/℃	最高压力/MPa	终止压力/MPa	反应时间/h
油砂	70	26.56	25.35	168

二、多孔介质中原油低温氧化实验压力变化

本次实验将油砂和西峰低渗透油藏原油混合，填充进入模型管中进行多孔介质中的原油低温氧化实验，图 5-4 为多孔介质中原油低温氧化实验压力变化曲线。由图 5-4 可知，反应装置中压力首先在短暂的时间内快速升高，到达最高点后压力开始缓慢下降，下降速度逐渐减小，最终趋于稳定平衡。实验开始阶段压力快速升高主要是因为注入空气后温度从常温升高到实验温度(70℃)过程中气体的膨胀作用。温度达到实验温度后，高压反应装置中形成定温定容的闭口实验系统，根据气体状态方程(压缩因子变化非常小，认为其为常数)，压力与气体总物质的量成正比。压力达到最高点后，容器中的压力有着明显的下降趋势，这说明高压反应装置中气体的总物质的量减小。从反应开始直到 160h 后结束实验，此时压力下降了 1.21MPa。这主要是因为原油和空气在反应装置内接触，空气中的氧气和原油发生低温氧化反应，消耗了部分氧气。当达到平衡状态时，原油不再发生低温氧化反应，高压反应装置中的压力不再发生变化。

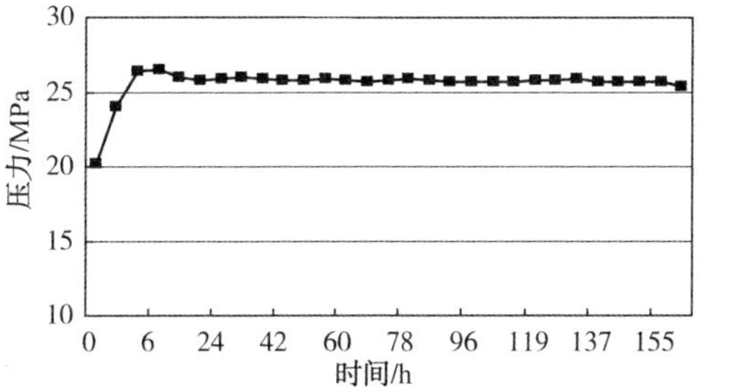

图 5-4　多孔介质中原油低温氧化实验压力变化曲线

三、多孔介质中原油低温氧化实验气体组分变化

在油藏温度下空气与原油发生低温氧化反应，反应消耗掉大部分氧气，生成二氧化碳和一氧化碳等气体，以实现烟道气驱。原油低温氧化反应后气体组成情况，是衡量是否可以实现烟道气驱，保证注气安全性的重要因素。因此对反应后气体组分研究有重要意义。

依据行业标准，实验开始前对实验当地的空气进行了组分分析，实验结束后在实验模型的两端(气体进口和出口)分别进行取样分析，实验结果原始检测图谱如图 5-5 和图 5-6 所示，分析结果如表 5-4 所示。从表 5-4 中可以看出，进出口气样的含氧量均有所降低，且二氧化碳含量都有不同程度的增加。

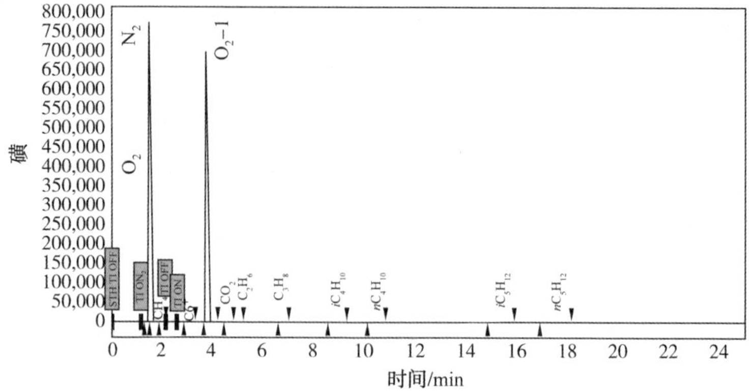

图 5-5　原油通过多孔介质低温氧化实验入口气样组分分析图谱

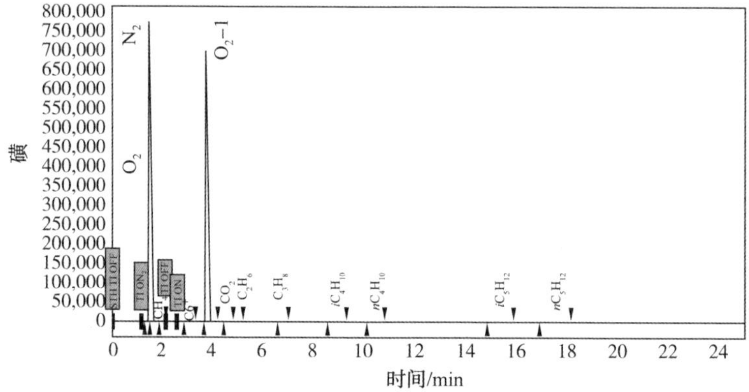

图 5-6　原油通过多孔介质低温氧化实验出口气样组分分析图谱

表 5-4　多孔介质中原油低温氧化实验气体组成变化

检测结果＼氧化气样		空气样	原油通过多孔介质(油砂)气样	
			进口	出口
含量/%	O_2	21.9	20.67	16.86
	N_2	77.68	78.39	81.11
	CO_2	0.03	0.08	0.62
	CO	—	—	0.17
	C_1	—	0	0.1
	C_2	—	0.01	0.15
	C_3	—	0.04	0.15

续表

检测结果＼氧化气样		空气样	原油通过多孔介质(油砂)气样	
			进口	出口
含量/%	iC_4	—	0.07	0.18
	nC_4	—	0.07	0.11
	iC_5	—	0.04	0.04
	nC_5	—	0.02	0.02
	C_6^+	—	0.01	0
平均分子量		27.98	28.92	28.93
总相对密度		0.9662	0.9987	0.9995
N_2/O_2		3.57	3.82	4.85

通过对比反应前后气体样品中氧气和二氧化碳的含量可知，多孔介质中原油与氧气发生了低温氧化反应，反应后气体中的氧气含量降低，二氧化碳含量增加。反应后气样中检测出了部分轻烃组分，这主要是由于原油中的轻烃组分挥发所致。模型出口烃含量增高，主要是因为空气在填砂管中由进口向出口移动，对原油中一些轻质组分产生了抽提作用，一些轻质组分随着空气向出口移动。这种抽提作用有利于驱油效率的提高。通过氮氧比分析结果可以看出，模型出口的氧化反应程度大于入口的氧化反应程度。

四、多孔介质中原油低温氧化实验中原油组分变化

1. 原油族组分分析

表 5-5　多孔介质中原油低温氧化实验中族组成变化

油　样	饱和烃/%	芳香烃/%	胶质/%	沥青质/%
原始油样	51.0	31.2	11.4	6.4
实验后油样	63.8	18.1	13.2	4.9
变化量	12.8	-13.1	2.8	-1.5

注：正数表示增加，负数表示减少。

依据行业标准，对多孔介质中原油低温氧化实验后的油样取样进行族组分分析，原油低温氧化前后原油族组成如表 5-5 所示。样品均进行重复性测试，在重复性条件下获得两次独立测试结果的绝对误差值要小于给定标准时检测结果才有效。在分析时取两者的平均值分析。

原油族组分指利用不同有机溶剂对岩石中可溶有机物或原油的不同组分和结

构的化合物类型进行选择分离所得到若干物理化学性质相近的混合物。一般分为饱和烃、芳香烃、胶质和沥青质四种族组分。胶质仅指原油沥青质中一种相对分子质量较高的含硫、氮、氧等原子的复杂有机化合物的暗色胶状混合物，与“非烃”术语等同使用。通常情况下原油中胶质和沥青质含量越高，原油的黏度越大。所以通过检测原油族组分的变化可以推知原油黏度的变化。

由表 5-4 可知，与前面的纯原油低温氧化实验相比，多孔介质中原油低温氧化实验后原油中饱和烃含量明显升高，芳香烃含量相应明显减少。原油低温氧化后饱和烃的增加主要来自芳香烃的变化，芳香烃及饱和烃发生碳—碳键断裂后，一部分断裂键再进行二次组合形成更长链饱和烃，这种反应不断进行(长链饱和烃继续断裂重新组合)，导致原油饱和烃趋于更稳定的短链轻烃及一部分残余长链重烃；另一部分断裂键与氧结合转化为胶质或沥青；此外芳香烃本身还能够直接氧化成胶质。

此外，胶质的变化还与原油的氧化程度有关。根据道达尔的理论，在高气油比条件下原油低温氧化反应主要发生于第 1 阶段，即氧原子以杂原子的形式进入原油组分分子中，形成极性分子——主要为胶质(没有或很少量进行胶质向沥青质转化的氧化反应)，从实验结果看，胶质含量的增加很有可能主要是芳香烃低温氧化的结果，微量的饱和烃也参加了反应。

2. 全烃气相色谱分析

依据行业标准，对多孔介质中原油低温氧化实验中的油样进行了原油全烃气相色谱分析，同时将分析结果与原始油样进行了对比。检测样品中正构烷烃碳原子个数含量，通过分析正构烷烃碳原子的变化可以分析原油是否发生裂解反应。多孔介质中原油低温氧化实验后原油全烃气相色谱分析图谱如图 5-7 所示。根据色谱分析原图绘制反应前后油样正构烷烃碳原子个数含量对比曲线图，如图 5-8 所示。

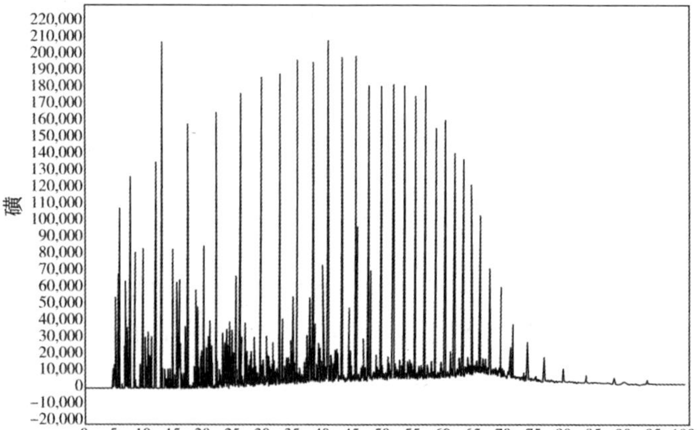

图 5-7　原油通过多孔介质低温氧化实验全烃气相色谱分析图谱

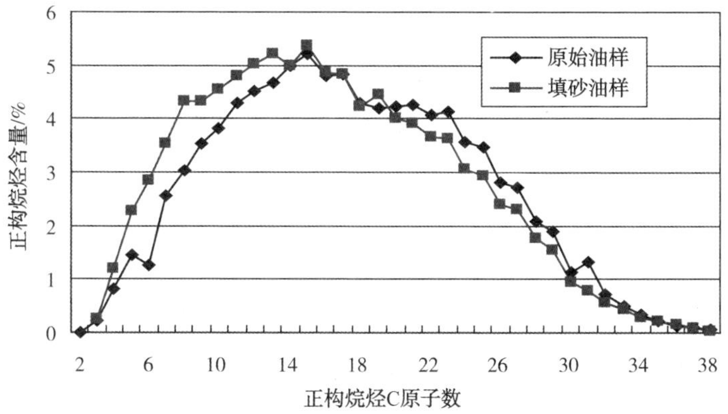

图 5-8 多孔介质中原油低温氧化油样全烃气相色谱分析

由图 5-8 可以看出，与原始油样相比实验反应后原油的重质组分减少，轻质组分增加。这主要是因为原油在低温氧化过程中部分长碳链发生断裂形成短碳链。从反应后原油主峰碳数据可以看出，原油主峰碳没有改变，仍为 C_{15}。采用轻重比($\sum nC_{21}^{-}/\sum nC_{22}^{+}$)来描述原油通过多孔介质低温氧化后正构烷烃的组成结构，表 5-6 给出了油样低温氧化反应后的正构烷烃轻重比，表明原油通过多孔介质低温氧化后，正构烷烃轻重比有所增加。

表 5-6　多孔介质中原油低温氧化实验油样的正构烷烃轻重比

油　样	原始油样	填砂油样
正构烷烃轻重比	2. 29	3. 05

通过分析油藏条件下西峰低渗透油藏原油与空气发生低温氧化实验过程中压力、气体组分和原油组成的变化，研究原油的低温氧化能力。实验结果表明：西峰低渗透油藏原油在油藏温度下能发生低温氧化反应生成一定量的二氧化碳和一氧化碳；反应后油样中芳香烃含量减少，饱和烃和胶质含量增加并且原油中饱和烃的重质组分减少，轻质组分增多。

可见该区块采用注空气技术提高采收率时，原油可以在油藏温度下有效消耗空气中的氧气，形成烟道气驱，提高原油的采收率。

第六章　空气泡沫体系评价实验

通过对西峰低渗透油藏储层特征分析可知，该区块平面非均质性较强，不同层位不同微相的非均质程度差异较大，并且微裂缝比较发育。在注空气过程中易出现气窜和指进现象，这种现象的发生不利于驱油效率的提高。所以为了防止或减缓这种情况的发生，在注空气过程中加入泡沫体系，通过泡沫调节气油流度比和抑制气窜，改进注空气效果。空气泡沫驱时要求加入的泡沫体系在油藏条件下具有良好的起泡和稳泡能力。起泡剂在油藏条件下是否具有良好的起泡能力和稳泡能力是决定空气泡沫驱能否成功的关键问题。

目前国内各大油田使用的起泡剂类型很多，起泡剂类型的不同其能适应的油藏环境也不同。通常在实施空气泡沫驱的时候，所选用的起泡剂需满足以下几个条件：①发泡量大，当气体进入发泡液后，发泡液可以在短时间内产生大量的泡沫。②所产生的泡沫具有很好的稳定性，即半衰期长。③与储层流体的配伍性能好，泡沫抗污染性能好。④具有货源广、用量省等优点。⑤环境污染小，绿色环保。

第一节　起泡剂体系性能评价方法

一、实验原理

起泡剂性能评价方法有很多，诸如孔盘打击法、倾注法、Ross-Miles 法、Waring Blender 法等。其中 Waring Blender 法是一种应用较为普遍的评价起泡剂性能的方法。该法操作方便，使用药品少，实验周期短，使用条件不受限制，并能较准确地反映起泡剂的起泡能力和稳泡能力。实验时，在烧杯中加入一定浓度的起泡剂溶液，高速搅拌后，关闭开关，马上读取泡沫体积，表示起泡剂的起泡能力。然后纪录从泡沫中析出 1/2 液体所需的时间，作为泡沫的半衰期，反映其稳泡能力。

目前评价起泡剂性能的参数主要有发泡体积(V_0)和析液半衰期(t_{50})。发泡体积反映起泡剂起泡的难易和数量，半衰期反映泡沫的稳定性。但两个参数中的任何一个都不足以反映起泡剂在多孔介质中的起泡性能，所以引入综合起泡能力这一概念，以泡沫破裂时间为横坐标、泡沫的发泡体积为纵坐标作图，得到泡沫体积随时间的变化关系曲线示意图(图 6-1)，图中阴影部分面积定义为起泡剂的综合起泡能力，用 F_c表示。

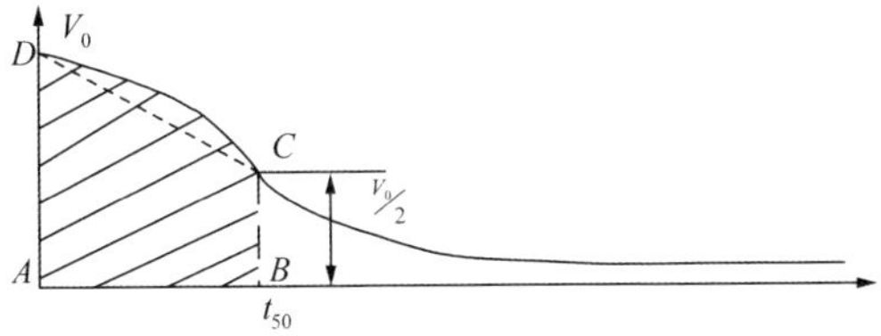

图 6-1　泡沫体积随时间减小关系曲线示意图

假设泡沫体积随时间变化的曲线方程为 $V=f(t)$，则：

$$F_c = \int_0^{t_{50}} f(t)\,\mathrm{d}t \tag{6-1}$$

近似把梯形 ABCD 的面积当作图中的阴影部分面积，则有：

$$F_c = \frac{3}{4} V_o t_{50} \tag{6-2}$$

式中　F_c——综合起泡能力，mL · min；

V_o——起泡体积，mL；

t_{50}——半衰期，min。

二、实验流程

实验仪器主要有：KJ-1 型实验室搅拌器、BX 型超级恒温器、烧杯、量筒、温度计等。

三、实验材料

(1)起泡剂主剂(3 种)：α-烯基磺酸钠(AOS)、十二烷基苯磺酸钠(ABS)、脂肪酸聚氧乙烯醚硫酸盐(AES)。

(2)稳泡剂(2 种)：聚丙烯酰胺(HPAM)、甜菜碱。

(3)隐蔽剂：EDTA。

(4)地层水：根据表 3-1 各离子含量配制的地层水。

四、实验步骤

(1)根据储层地层水的离子含量，配制一定体积的地层水待用。

(2)称取一定质量的起泡剂，在烧杯中配制成100mL的起泡剂溶液。

(3)将溶液放在搅拌器下，高速(2000r/min)搅拌一定时间后，关闭开关。

(4)将烧杯中的泡沫倒入量筒中，读取此时的泡沫体积，表示起泡剂的起泡能力。然后纪录从泡沫中析出50mL液体所需的时间，作为泡沫的半衰期，并根据起泡体积和半衰期计算起泡剂的综合起泡能力。

(5)重复进行三次实验，求取平均值作为起泡剂的发泡体积、半衰期和综合起泡能力(图6-2)。

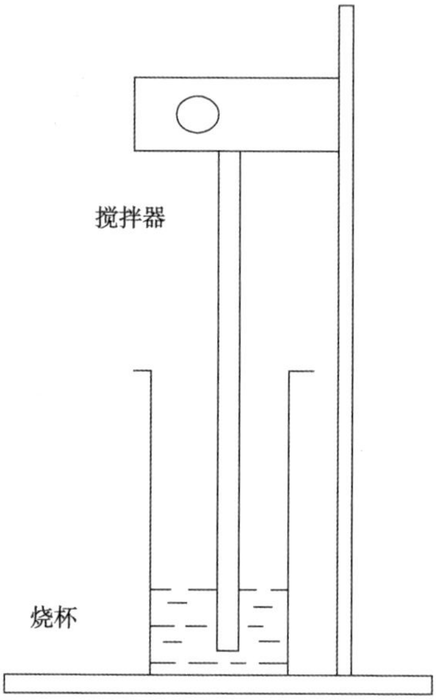

图6-2　空气泡沫体系评价实验装置图

第二节　高温起泡剂配方的优化

泡沫体系通常是由气体、液体、起泡剂主剂和起泡剂添加剂组成。因为纯净的水和气体之间不能形成稳定的泡沫，所以泡沫体系中必须具有起泡能力的物质——起泡剂主剂。起泡剂主剂通常是一些阴离子型或非离子型表面活性剂。另外，在泡沫体系中常加入适量的泡沫添加剂，起到增大发泡体积和延长泡沫寿命的作用，起泡剂添加剂通常由稳泡剂、增强剂和掩蔽剂组成。本部分首先对各种起泡剂主剂进行抗盐性和耐温性的评价获得适合的起泡剂主剂，然后在起泡剂主剂的基础上复配各种起泡剂的添加剂，最终获得一种抗盐性和耐温性较强的高温起泡剂。

一、起泡剂主剂的选择

起泡剂主剂是形成泡沫的必要组分，起泡性能好坏是起泡剂主剂能否用于泡沫体系的最重要因素。起泡剂主剂通常是一些阴离子型或非离子型表面活性剂。油田通常使用的阴离子型表面活性剂有烷基磺酸钠、烷基苯磺酸钠、烷基硫酸盐、低分子石油磺酸盐、聚氧乙烯化的醇(酚)醚硫酸盐等；非离子型表面活性剂有聚氧乙烯脂肪醇醚、聚氧乙烯基酚醚等。由于各种起泡剂主剂的泡沫性能在不同的条件下差异很大，所以首先对几种发泡性能好、成本低且货源广泛的起泡剂主剂的泡沫性能进行评价。

1. 起泡剂主剂浓度评价

起泡剂主剂浓度是影响起泡体积和半衰期的重要因素，也是进行后续评价实验的基础。实验以清水为基液，在 50℃ 条件下评价了不同浓度的 AOS、ABS、AES 三种起泡剂主剂的起泡体积和半衰期，并且计算不同浓度下的综合起泡能力，并以起泡体积、半衰期和综合起泡能力作为主要评价参数，评价在不同浓度条件下各种起泡剂主剂的性能。实验结果如表 6-1 所示。

表 6-1　不同浓度起泡剂起泡性能评价

浓度/%		0.1	0.2	0.3	0.5	0.7
AOS	V_0/mL	400	520	620	660	700
	t_{50}/s	208.94	386.57	408.69	440.57	461.25
	F_c/(mL·s)	62682	150762.3	190040.9	218082.2	242156.3
	表面张力/(mN/m)	29	30.2	30.9	32.1	32.4
ABS	V_0/mL	150	170	180	190	220
	t_{50}/s	53.87	80.6	95.82	116.57	153.78
	F_c/(mL·s)	6060.38	10276.5	12935.7	16611.2	25373.7
	表面张力/(mN/m)	28.6	27.8	28.2	27.9	27.8
AES	V_0/mL	180	230	270	420	460
	t_{50}/s	103.25	127.88	195.57	343.13	354.43
	F_c/(mL·s)	13938.7	22059.3	39602.9	108086	122278.4
	表面张力/(mN/m)	31.1	30.9	31.3	31.6	32.2

如图 6-3~图 6-5 所示，综合对比 3 种起泡剂的起泡性能，其中 AOS 无论是发泡体积、半衰期还是综合发泡能力都是最好的，AES 次之，ABS 最差。由图 6-5还可以看出，随着起泡剂浓度的增加，各种起泡剂的发泡体积和半衰期都有不同程度的增加。这主要是因为溶液中起泡剂浓度逐渐增大后，液膜表面吸附

的表面活性剂量增加，使液膜的表面黏度增大，排水速率和透气性减小，泡沫的起泡性和稳定性增加。但随着起泡剂浓度的增加，发泡体积和半衰期的变化幅度逐渐减小。其中，当 AOS 浓度达到 0.3%时，发泡体积和半衰期增幅减缓，所以最佳浓度为 0.3%。同时，由表 6-1 可以看出浓度的增加对起泡剂的表面张力影响较小。

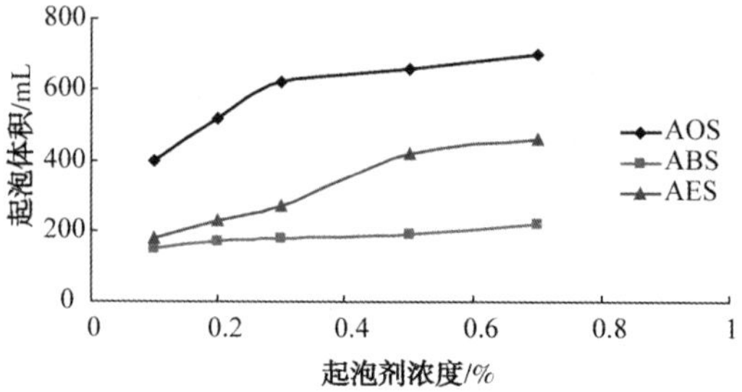

图 6-3　50℃清水条件下不同浓度起泡剂主剂的发泡体积

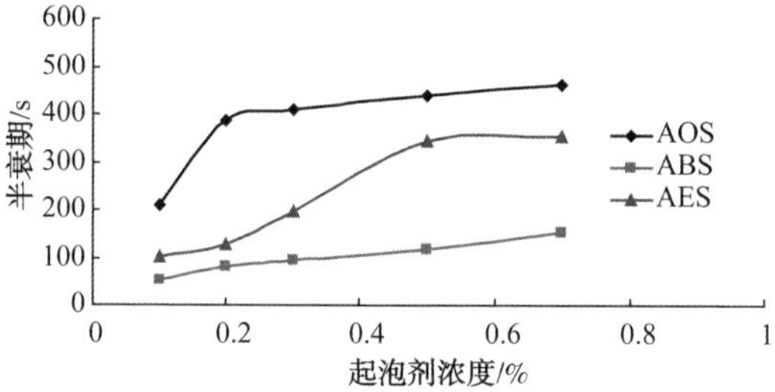

图 6-4　50℃清水条件下不同浓度起泡剂主剂的半衰期

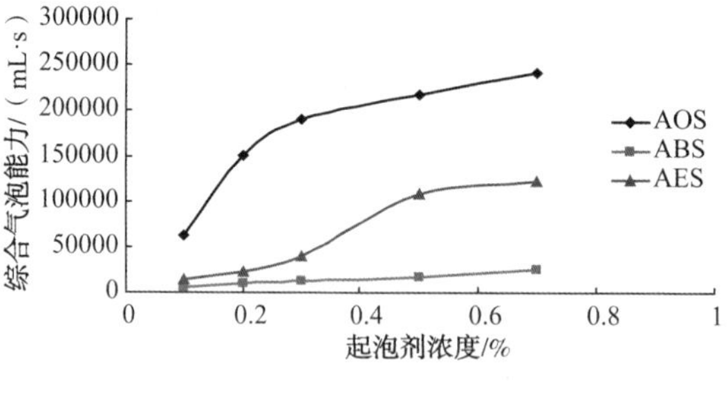

图 6-5　50℃清水条件下不同浓度起泡剂主剂的综合起泡能力

2. 起泡剂主剂抗盐性评价

地层水都有一定的矿化度，因此有必要对起泡剂主剂的抗盐性进行评价。实验选择西峰低渗透油藏的地层水作为基液，评价 AOS 起泡剂主剂的抗盐性。实验结果如表 6-2 所示。

表 6-2　AOS 起泡剂主剂抗盐性能评价

浓度/%		0.1	0.2	0.3	0.5	0.7	0.1
AOS	V_0/mL	370	480	570	600	640	370
	t_{50}/s	190.43	353.85	379.68	401.63	423.52	190.43
	F_c/(mL·s)	52844.33	127386	162313.2	180733.5	203289.6	52844.33

注：基液为地层水，实验温度为 50℃。

如图 6-6 和图 6-7 所示，实验基液为地层水时，不同浓度起泡剂主剂的发泡体积和半衰期都出现不同程度的减小。但是减小幅度不大，可见 AOS 具有很好的抗盐性。起泡剂的发泡体积和半衰期变化趋势和在清水中一致，都是随着浓度的增加，发泡体积和半衰期逐渐增大，且随着起泡剂浓度的增加，发泡体积和半衰期的变化幅度逐渐减小。

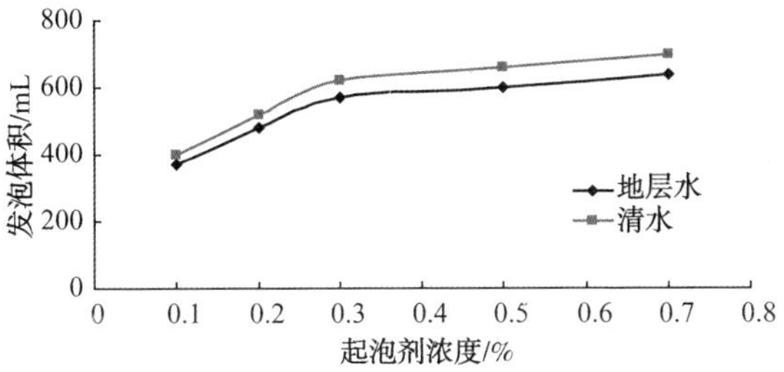

图 6-6　50℃ 地层水条件下 AOS 不同浓度起泡剂主剂的发泡体积

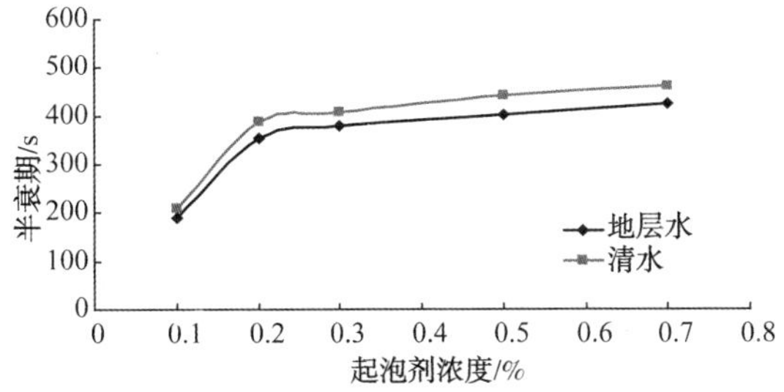

图 6-7　50℃ 地层水条件下 AOS 不同浓度起泡剂主剂的半衰期

3. 起泡剂主剂耐温性评价

由于西峰低渗透油藏温度比较高（70℃），这就要求所选用的起泡剂具有良好的耐温性能。实验时将筛选出的 AOS 起泡剂主剂放入恒温油浴中，评价在 100℃ 条件下 AOS 的发泡体积和半衰期。实验结果如表 6-3、图 6-8 所示。

对比 50℃实验结果可以看出，温度升高后，起泡剂的气泡体积虽然有所减少，但是半衰期明显增大，所以综合起泡能力并没有降低，甚至高于 50℃ 时。

所以 AOS 有很好的耐温能力，完全适应于西峰低渗透油藏。

表 6-3　AOS 起泡剂主剂耐温性能评价

温度/℃	AOS/%	V_0/mL	t_{50}/s	F_c/(mL·s)
100	0. 1	330	269. 81	66778
	0. 2	400	513. 84	154152
	0. 3	470	584. 75	206124
	0. 5	510	560. 62	214437
	0. 7	570	572. 34	244675

注：基液为地层水，实验温度为 100℃。

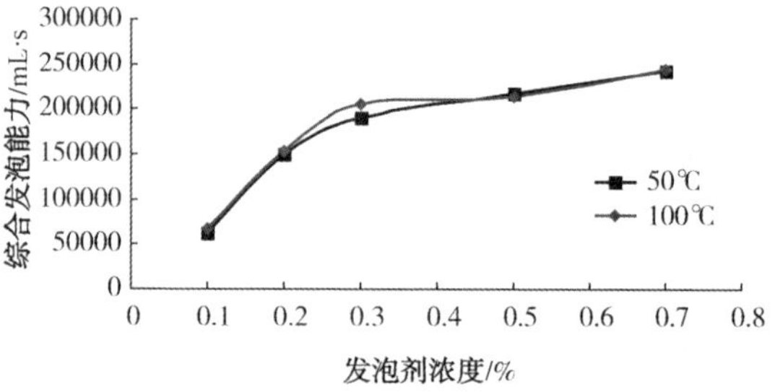

图 6-8　100℃地层水条件下稳泡剂对起泡剂综合起泡能力的影响

二、起泡剂添加剂的选择

1. 稳泡剂的选择

为了增加泡沫体系的稳定性，除了有起泡性良好的起泡剂主剂外还要添加能延长泡沫存在时间的稳泡剂。实验仅对效果较好的 2 种稳泡剂 HPAM 和甜菜碱进行筛选，实验结果如表 6-4 所示。

由表 6-4 可知，加入稳泡剂后，AOS 的发泡体积和半衰期均有不同程度的增加。因为稳泡剂本身也是一种表面活性剂，其本身就具有起泡性能；起泡剂半衰期的增加是因为加入稳泡剂后，起泡剂溶液黏度增加，使泡沫内液体不易流失，液膜变薄的速度变缓，还使气体在液膜中的溶解度降低，从而使泡沫的稳定性增加，半衰期延长。对比两种稳泡剂的作用效果可知，甜菜碱明显优于 HPAM，所以选择甜菜碱作为起泡剂主剂的稳泡剂。由图 6-9 可知，当甜菜碱浓度达到 0. 02%后，起泡剂的综合起泡能力有所下降，所以最终选择稳泡剂的浓度为 0. 02%。

表 6-4　不同稳泡剂对泡沫性能的影响

浓　度	类　型					
	HPAM			甜菜碱		
	V_0/mL	t_{50}/s	F_c/(mL·s)	V_0/mL	t_{50}/s	F_c/(mL·s)
0.01%	485	601.34	218737.425	495	609.68	226343.7
0.02%	500	610.53	228948.75	520	625.45	243925.5
0.03%	520	622.6	242814	500	611.32	229245
0.05%	470	581.64	205028.1	485	595.91	216762.26

注：实验起泡剂为 AOS，浓度为 0.3%，基液为地层水，实验温度为 100℃。

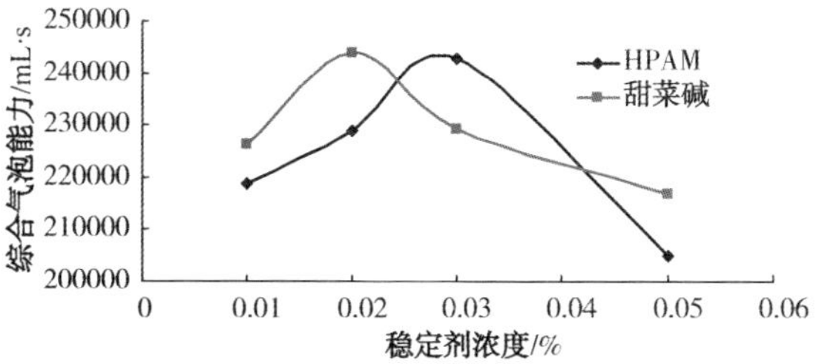

图 6-9　100℃地层水条件下稳泡剂对起泡剂综合发泡能力的影响

2. 掩蔽剂的选择

为了减少地层水中钙、镁等离子对起泡剂性能的影响，可以在起泡剂中加入络合掩蔽剂，减小其影响。本实验采用络合效果较好的乙二胺四乙酸(EDTA)作为掩蔽剂，通过添加不同浓度的 EDTA 研究其用量对起泡剂性能的影响。实验结果如表 6-5 所示。

表 6-5　掩蔽剂 EDTA 对泡沫性能的影响

浓度/%	0.01	0.02	0.03	0.05
V_0/mL	530	540	560	545
t_{50}/s	531.21	532.69	535.32	534.04
F_c/mL·s	211155.98	215739.45	224834.40	218288.85

注：实验起泡剂为浓度 0.3%的 AOS，稳泡剂甜菜碱浓度为 0.02%，基液为地层水，实验温度为 100℃。

通过表 6-5 可知，加入一定浓度的 EDTA 后，起泡剂的发泡体积和半衰期都有不同程度的增加。随着 EDTA 浓度的增加，起泡剂的发泡体积和半衰期逐渐增加。当 EDTA 的浓度达到 0.03%后，对泡沫的起泡体积和半衰期影响较小，所以最终选择掩蔽剂 EDTA 的浓度为 0.03%。

三、起泡剂的最佳配方及理化性能

通过起泡剂主剂的筛选和起泡剂添加剂的筛选实验最终确定适合西峰低渗透油藏的空气泡沫驱油高温起泡剂最佳配方为：0.3%AOS+0.02%甜菜碱+0.03%EDTA。该配方是以西峰油田低渗透油层地层水为基液，在100℃下筛选出来的，所以该起泡剂与西峰油田低渗透油藏具有很强的适应性。将这种起泡剂命名为HS-403，该起泡剂的理化性能如表6-6所示。

表6-6　空气泡沫驱油高温起泡剂HS-403理化性能表

名　称	HS-403
外观	白色黏稠液体
密度/(g/cm³)	1.15~1.25
pH值	8±1
水溶性	可溶
起泡体积/mL	>500
半衰期/s	>500

本章通过高温起泡剂的研制和高温起泡剂的性能评价两个系列的实验，研制了一种具有良好的起泡能力和发泡能力的高温起泡剂，并将其与油田常用的几种起泡剂相比较，筛选出适合西峰油田低渗透油藏的高温起泡剂。通过本章实验结果分析获得以下结论：

(1)通过起泡剂主剂的浓度评价、起泡剂主剂的抗盐性和耐温性评价，最终发现α-烯基磺酸钠(AOS)对油藏适应性较好，选择AOS作为研制起泡剂的主剂。

(2)通过对起泡剂添加剂的筛选实验最终确定空气泡沫驱油高温起泡剂的配方为：0.3%AOS+0.02%甜菜碱+0.03%EDTA。将这种起泡剂命名为HS-403。

第七章　低渗透油藏空气泡沫驱油实验

西峰油田低渗透油藏原油低温氧化实验表明该区块原油低温氧化能力较强，低温氧化反应可消耗空气中的大部分氧气。空气泡沫体系评价实验表明 HS-403 起泡剂在油藏条件下具有良好的起泡能力和稳泡能力，适合作为该区块空气泡沫驱起泡剂。为综合研究西峰油田低渗透油藏空气泡沫驱油效果和影响因素，设计了空气泡沫驱油实验系统，进行了空气泡沫驱油实验研究。

空气泡沫驱油系列实验包括水驱油实验、空气驱油实验和空气泡沫驱油实验，以考察不同的开发方式对低渗透油田的开发效果。空气泡沫驱油实验包括不同起泡剂浓度的驱油实验和不同泡沫段塞大小的驱油实验。通过这几组实验，对比水驱、空气驱和空气泡沫驱的驱油效率、评价空气泡沫提高驱油效率的幅度和分析泡沫对空气驱油耗氧量的影响，获得适合西峰油田低渗透油藏的起泡剂、起泡剂浓度和泡沫段塞大小等参数，为现场方案的制定提供理论依据。

第一节　相似性分析

空气泡沫驱油实验利用相似原理将真实油藏缩小到一个相似模型中，通过对相似模型的研究推测实际油藏的情况。该实验过程比较直观方便，利用测控技术对实验过程进行了监控，实验过程中还反复观察了各种驱替条件下所发生的现象，可以有效预测实际油藏空气泡沫驱油过程。为使实验模型与油藏相似，实验模型参数的设计和实验运行参数的选择都依据相似原理进行。根据相似原理，两个物理过程相似必须满足下面的三个条件：几何相似、运动相似及动力相似。

1. 几何相似

几何相似是各种物理现象相似的基础，也是实验渗流力学中模型设计的基础。几何相似要求模型与实物的外形相同，各对应部分夹角相等而且对应部分长度均成一定比例。本实验采用一维填砂管模型来模拟五点井网情形，注气井和生产井井数比为 1∶1，是一源一汇模型。

2. 运动相似

运动相似是指满足几何相似的流场中，对应时刻、对应点流速（加速度）的方向一致，大小成比例，即它们的速度场(加速度场)相似。本实验中填砂管模型的渗透率、孔隙度和饱和度均与实际地层相同，实验时驱替压力梯度和实际生产压差梯度相同，使填砂管模型中原油和空气的渗流速度与实际油藏相同，由此可保证其运动相似。

3. 动力相似

动力相似是指两个运动相似的流场中，对应空间点上、对应瞬时作用在两相似几何微团上的力，作用方向一致、大小互成比例。在油藏渗流力学中，完全的的动力相似是指诸如压力、重力、黏性力、惯性力、弹性力、毛管力、表面张力以及与之有关的密度、黏度、压缩系数、孔隙度和温度等都有相似的比例关系。

模型和油藏中作用在液体上的各种力都成比例，即要求模型和油藏的牛顿数相等。牛顿数表达式为：

$$N_e = \frac{F}{\rho L^2 v^2} \tag{7-1}$$

式中 N_e——牛顿数，无量纲常数；

F——作用在油藏中的各种力，N；

ρ——流体密度，kg/m^3；

L——长度，m；

v——流速，m/s。

实际油藏中力的种类很多，都满足牛顿相似准数相等非常困难，但是在实际研究流体力学现象时往往只是某一种力起主要作用，分析其主要作用的力，使其主要作用力满足牛顿相似准数即可认为满足动力相似。油藏渗流过程中起主要作用的力为惯性力和黏滞力，因此要保证实验模型和油藏的雷诺数相等。实验所采用的砂样、油样、水样、空气均分别取自于西峰油田低渗透油藏和大气中，与现场实际操作时情况相同，所以砂样、油样、水样和空气的黏度及物理化学性质和实际情况相同，流体在填砂管模型和实际油藏中渗流时的雷诺数相等，因而保证了实际油藏与设计模型间的动力相似。综上所述，本实验满足相似原理可以较好地模拟实际油藏空气泡沫驱的渗流过程。

第二节　模型制作

人造填砂模型物理模拟是油田开发过程中科学研究的重要手段之一，尤其在二次、三次采油中，对提高油田采收率机理研究有着重要的指导作用。本实验是利用人造填砂模型来研究空气泡沫驱油规律。实验制作填砂管岩心模型的步骤如下：

1. 制作填砂管

根据填砂模型的制作原理，所选用砂粒为储层砂，储层粒径分布如表 7-1 所示。

表 7-1 油藏粒径分布

目 数	12	16	20	30	40	100	200
粒径/mm	0.9~1.2	0.8~0.9	0.62~0.8	0.53~0.62	0.38~0.53	0.09~0.38	<0.09
质量百分比/%	15.15	16.97	15.27	18.67	16.12	13.58	4.24

填砂管制作时首先利用振动筛将储层砂分成 12 目、16 目、20 目、30 目、40 目、100 目以及 200 目共 7 个级别，然后按照储层粒径分布配比，将不同粒径砂粒充分混合后放入“U”形管中，用专用液压填砂机夯实，待“U”形管填满砂后进行气测渗透率。

2. 岩心克氏渗透率的测定

根据行业标准，首先测量填砂管模型的气测渗透率 K_a，然后对其线性回归，求取克氏渗透率 K_∞，计算公式分别为：

$$K_a = \frac{200 Q_{sc} P_{sc} \mu L}{A(P_1^2 - P_2^2)} \tag{7-2}$$

$$K_a = K_\infty \left(1 + \frac{b}{\overline{P}}\right) \tag{7-3}$$

式中 K_a——气测渗透率，$10^{-3}\mu m^2$；

K_∞——克式渗透率或等效液体渗透率，$10^{-3}\mu m^2$；

Q_{sc}——标准压力下的气体体积流量，cm^3/s；

P_{sc}——标准大气压力，MPa；

μ——标准压力和温度下的气体黏度，mPa·s；

A，L——分别为填砂管的横截面积和长度，cm^2，cm；

P_1，P_2——填砂管进出口端的绝对压力，MPa；

$\overline{P}$——填砂管进出口平均压力，$\overline{P}=(P_1+P_2)/2$，MPa；

b——滑脱因子或滑脱系数，取决于气体性质和岩石孔隙结构的常数。

3. 测定岩心有效孔隙度

根据行业标准，将达到目标渗透率的填砂管模型称干重，然后通过自吸式饱和法饱和地层水，最后称量湿重，计算填砂管模型的有效孔隙体积和有效孔隙度。

称重法计算单个填砂模型管有效孔隙度计算公式：

$$V_{pi}=\frac{m_{i2}-m_{i1}}{\rho_w} \tag{7-4}$$

$$\varphi_i=\frac{V_{pi}}{V_{fi}}\times 100\% \tag{7-5}$$

式中 φ_i——填砂管模型空隙度,%;

m_{i1}——填砂管模型干重，g;

m_{i2}——饱和后填砂岩心湿重，g;

ρ_w——地层水密度，g/cm^3;

V_{pi}——填砂管模型有效孔隙体积，cm^3;

V_{fi}——填砂管模型视体积，cm^3。

4. 建立岩心原始含油饱和度

根据行业标准，在一定的驱替压力下，用地层原油驱替填砂管模型中的地层水，同时在模型出口端计量出水量和出油量，计算原始含油饱和度及束缚水饱和度。原始含油饱和度及束缚水饱和度的计算公式为:

$$S_{oi}=\frac{V_w}{V_p}\times 100\% \tag{7-6}$$

$$S_{wi}=\frac{V_p-V_w}{V_p}\times 100\% \tag{7-7}$$

式中 S_{oi}——岩心原始含油饱和度,%;

S_{wi}——岩心束缚水饱和度,%;

V_w——饱和油时驱替出的地层水体积，即饱和油的体积，mL;

V_p——岩心的孔隙体积，mL。

5. 计算组合填砂管岩心的物性参数

空气泡沫驱油实验时根据实验要求选择不同的填砂管进行组合，通过以下步骤计算填砂管岩心模型的组合渗透率、有效孔隙度和含油饱和度。

1)计算模型的组合渗透率

模型串联组合渗透率计算采用调和平均法，计算公式为:

$$\bar{K}=\frac{L}{\sum_{i=1}^{n}\frac{L_i}{K_\infty}}=\frac{n}{\sum_{i=1}^{n}\frac{1}{K_\infty}} \tag{7-8}$$

式中 $\bar{K}$——串联后的渗透率，$10^{-3}\mu m^2$;

K_∞——每个填砂岩心的克式渗透率，$10^{-3}\mu m^2$;

L_i——每个填砂岩心的长度，cm;

L——串联岩心的总长度，cm;

n——串联岩心的个数。

2)计算模型的平均孔隙度

串联组合模型的平均孔隙度计算公式为：

$$\varphi = \frac{\sum_{i=1}^{n} \varphi_i}{n} \tag{7-9}$$

式中 φ_i——串联组合岩心的孔隙度,%；

n——串联组合岩心的个数。

3)计算模型的平均饱和度

计算模型的平均饱和度计算公式为：

$$\overline{S_{oi}} = \frac{\sum_{i=1}^{n} S_{oi}}{n} \tag{7-10}$$

式中 $\overline{S_{oi}}$——组合岩心的平均饱和度,%；

n——组合岩心的个数。

通过上述前期的实验准备，获得符合空气泡沫驱油实验要求的实验填砂管岩心模型。本次实验制备的岩心模型直径32mm，长5m。

第三节 实验流程

空气泡沫驱油实验系统主要由高压空气注入系统、起泡剂注入系统、地层水注入系统、实验岩心模型、温度-压力控制及测试系统、压力控制系统、计量监测系统和气体取样检测系统共八个部分构成。实验流程如图7-1所示。

(1)高压空气注入系统。高压空气注入系统包括空气压缩机、增压泵、高压空气瓶和减压阀。本实验所采用的空气压缩机为Atlas Copco GX7型固定式螺杆空气压缩机，额定工作压力10MPa，排气量15.7L/s。所采用的增压泵为HSS-100型增压泵，额定压力50MPa，增压比600∶1。通过高压空气注入系统可以恒压向模型中注入高压空气。

(2)起泡剂注入系统。起泡剂注入系统包括平流泵和中间容器。本实验平流泵采用2PB00C系列平流泵，工作压力0~40MPa，流量范围0.1~30mL/min。中间容器为含活塞的中间容器。通过起泡剂注入系统可以恒排量向模型注入一定体积的起泡剂溶液。

(3)注水系统。注水系统包括氮气瓶和中间容器。通过氮气瓶提供一定压力

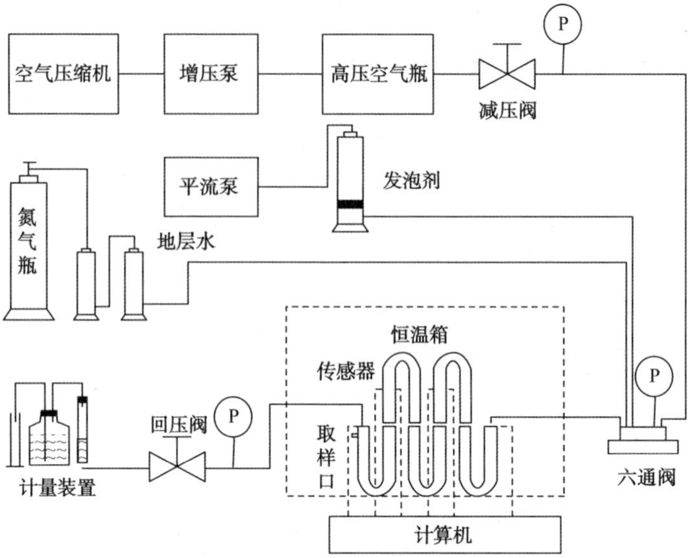

图 7-1　空气泡沫驱油实验流程图

驱动中间容器中的地层水进入模型，通过计量驱替出液体的体积计算地层水的注入量。

(4)实验岩心模型。实验模型由长 1m、直径为 3.2cm 的 5 根钢质“U”形填砂管串联组成。填砂管实验模型长 5m，能够满足原油和氧气经过多级接触后形成氧化带、混相带和油带所需要的长度，可以充分模拟油藏中原油的低温氧化过程。制作完成的填砂管模型的孔隙度、渗透率和原始含油饱和度均与西峰低渗透油藏实际地层相同，可充分模拟油藏中空气泡沫驱油过程。

(5)温度-压力控制及测试系统。温度-压力控制及测试系统主要由恒温箱、压力温度传感器和 M400 数据采集软件组成。本实验采用 HW10 型强力旋流式重型恒温箱，通过计算机软件可以记录恒温箱内温度和压力传感器的数值。实验完成后可将数据按要求的时间和格式生成报表。

(6)气体取样检测系统。气体取样检测系统主要由取样器和 HB0-2B 型针剂测氧仪组成。本实验在填砂模型上设置 4 个取样口，取样口距入口的位置分别为 0(入口)、1m、3m、5m(出口)。HB0-2B 型针剂测氧仪氧气测量范围为 0~25%，测量精度±0.1%。通过气体取样检测系统可以检测模型中各个检测点处不同时刻的氧气含量。

(7)回压系统。回压系统主要由减压阀和回压阀构成。实验通过控制减压阀和回压阀的压力来控制模型两端的压差用以模拟实际生产压差。

(8)计量监测系统。计量监测系统主要由油气水分离器、排水采气装置和计量装置构成。通过计量检测系统可以实现油气水的分离，计量模型驱替出的油、气和水的体积。

第四节　实验材料

(1)实验用油：西峰油田低渗透油藏原油。原油地面密度为0.844g/cm^3，黏度为5.85mPa·s，凝固点为17.5℃，含蜡量为10.1%。

(2)实验用水：西峰油田低渗透油藏地层水。按表3-1配置地层水。

(3)实验用气：实验当地空气。氮气含量占77.68%，氧气含量占21.9%，二氧化碳含量占0.03%。20℃条件下空气密度为1.293g/L，黏度为0.0179mPa·s。

(4)起泡剂：HS-403。

第五节　结果分析

一、水驱、空气驱和空气泡沫驱驱油效率对比

为对比分析水驱、空气驱和泡沫驱的驱油效率，验证注空气泡沫驱的可行性，进行了三组不同介质的驱油实验。

实验一为水驱实验。实验温度为70℃，驱替压差0.2MPa。实验模型采用五根填砂岩心模型串联，模型直径为32mm，长为5m，平均孔隙度22.6%，平均渗透率10.65×10^{-3}μm^2，平均含油饱和度63.9%。单个岩心模型的物性参数如表7-2所示。

实验二为空气驱实验，实验温度与地层温度相同(70℃)，驱替时入口压力维持在30MPa，驱替压差取0.2MPa。实验模型由5根长1m，直径为3.2cm的钢质“U”形管组成。模型的平均渗透率为10.57×10^{-3}μm^2，平均孔隙度为23.8%，平均原始含油饱和度为61.8%。单个岩心模型的物性参数如表7-2所示。

实验三的起泡剂类型为HS-403，起泡剂浓度为1%，注入泡沫段塞长度为0.1PV。实验温度与地层温度相同(70℃)，驱替时入口压力维持在30MPa，驱替压差取0.2MPa。实验模型由5根长1m，直径为3.2cm的钢质“U”形管组成。模型的平均渗透率为9.72×10^{-3}μm^2，平均孔隙度为22.39%，平均原始含油饱和度为67.37%。单个岩心模型的物性参数如表7-2所示。

表 7-2　实验一至实验三岩心模型物性参数表

水驱	岩心序号	2	17	7	18	19	平均
	渗透率/($\times 10^{-3} \mu m^2$)	28.86	10.25	4.93	28.37	10.07	10.65
	有效孔隙度/%	21.1	24.8	22.4	22.4	22.4	22.6
	含油和度/%	61.8	63.1	63.9	63.9	66.7	63.9
空气驱	岩心序号	13	12	16	1	9	平均
	渗透率/($\times 10^{-3} \mu m^2$)	28.86	22.73	10.82	10.36	4.87	10.57
	有效孔隙度/%	26.1	23.6	22.4	23.6	23.6	23.8
	含油饱和度/%	58.7	65.9	60.7	63.8	60.1	61.8
空气泡沫驱	岩心序号	3	6	5	18	20	平均
	渗透率/($\times 10^{-3} \mu m^2$)	24.66	6.99	28.00	8.49	5.62	9.72
	有效孔隙度/%	24.88	21.15	24.88	21.15	19.9	22.39
	含油饱和度/%	63.9	70.59	65.9	66.47	70	67.37

三组实验注入孔隙体积倍数和驱油效率的关系曲线如图 7-2 所示。由图 7-2 可知：实验一水驱时，随着注入 PV 数的增加，驱油效率逐渐增加，最终驱油效率为 61.45%。实验二空气驱时，随着注入 PV 数的增加，驱油效率逐渐增加；注入 0.23PV 空气(模型中高压高温条件下的体积)时，气体发生突破，突破时的驱油效率为 35.8%；气体突破后的驱油效率增加速度开始变慢，最终驱油效率为 38.45%。可见空气驱时驱油效率的增加主要发生在气体突破以前，气体突破以后，驱替出原油的量非常少，驱油效率变化不大。

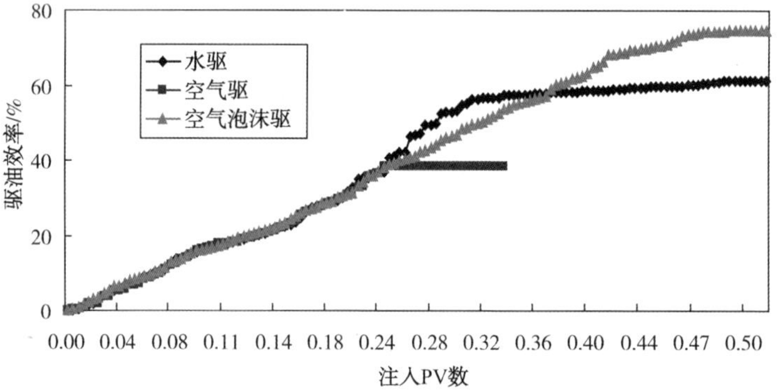

图 7-2　水驱、空气驱和空气泡沫驱注入孔隙体积倍数和驱油效率的关系

填砂管模型注入空气后，由于孔隙结构复杂，吼道的大小、粗糙度和迂曲度等参数均不相同，油气水在这种非均质多孔介质中流动时，各孔道中产生的阻力相差甚大，因而各孔道中的流动速度也就不同。这样在毛细管中就会出现微观指

进现象。由于这种微观指进现象，气液界面必然参差不齐，在宏观上出现一个油气水的三相混合流动区。开始时，混合流动区油相为连续相，气体和地层水为分散相，气体以小气泡的形式分散在原油中形成泡流。随着气体含量的增加，小气泡合并形成大气泡，在毛细管中形成一段油一段气的结构，即形成段塞流。随着气体的不断注入，气体段塞不断加长，并逐渐由毛细管中间突破，形成毛细管中心是连续的气流而管壁为油环的流动结构，这种流动称为环流。随着注入气体的不断增加，毛细管中流动的气流芯子变得很粗，沿管环壁流动的油环变得很薄，此时绝大部分油都以小油滴分散在气流中形成雾流。形成雾流后，气体是连续相，原油和地层水是分散相，气体以很高的速度携带原油和地层水向前流动。各阶段毛细管中气液混合流动形态如图 7-3 所示。

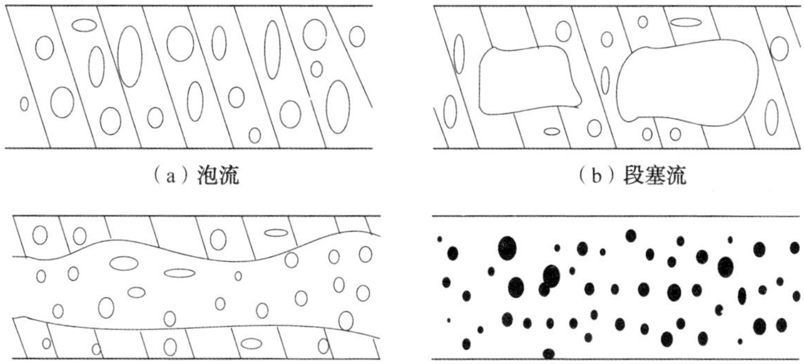

（a）泡流　（b）段塞流　（c）环流　（d）雾流

图 7-3　毛细管中气液混合流动形态示意图

气体突破以前，在油气水接触段气体含量少，气液混合流动以泡流为主。气体突破以后，随着气体含量的增加，毛细管中逐渐形成段塞流。段塞流时，油相和岩石壁面相接触，气体和地层水在油相中运动。原油中的吸附分子与岩石表面分子的相互作用以及吸附分子之间的相互作用使原油在岩石壁面上形成固—液边界层。由于液体分子与固体表面分子之间的取向、诱导作用，固—液边界层中的液体分子与非边界层的液体分子的随机稀疏排列不同，表现为有秩序排列，形成具有高黏度和剪弹力的液体结构。这样固—液之间的分子力要比液—液间的分子力更大，固体管壁附近表现出的黏滞阻力更大，这使在边界层内，紧贴物面的流体完全黏附于物面上，与固体的相对速度为零。由固体壁面向外，流体速度迅速增大至来流速度。在流体力学中认为边界层内从固体壁面开始，沿法线方向至速度与自由流速度的 99%的位置之间的距离，为边界层的厚度记为 δ。边界层结构如图 7-4 所示。

可见在边界层内，速度急剧变化，速度梯度很大，流体的黏性效应在这一区域中表现明显。在低渗透模型中，由于孔隙半径和边界层厚度几乎在同一数量级

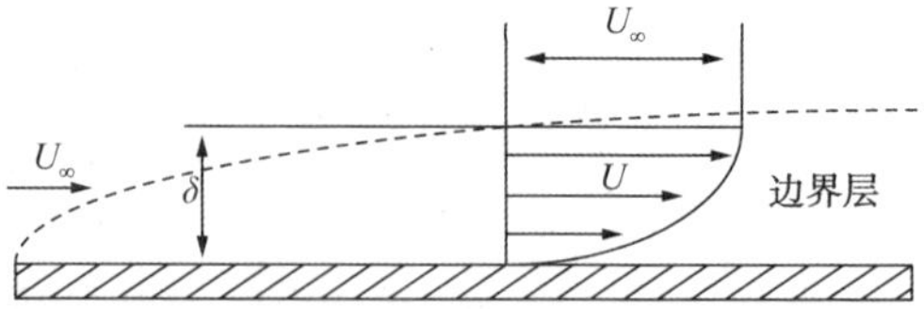

图 7-4　边界层示意图

上，固—液边界层将对原油的渗流产生很大的影响。对于气体来说，气—液间的分子作用力要远比固—液间的分子作用力小，与液体接触处的气体分子仍有部分处于运动状态，加上相邻层的分子由于动量交换，气—液边界层的气体分子将沿气液边界方向作定向流动，气液边界处的流速不为零，形成气体滑脱效应。

当油气水混合流动时，按达西定律计算油气水的产量，计算公式为：

$$Q_g = \frac{K_{rg}KA\Delta P}{\mu_g L} = \frac{K_g A\Delta P}{\mu_g L} \tag{7-11}$$

$$Q_o = \frac{K_{ro}KA\Delta P}{\mu_o L} = \frac{K_o A\Delta P}{\mu_o L} \tag{7-12}$$

$$Q_w = \frac{K_{rw}KA\Delta P}{\mu_w L} = \frac{K_w A\Delta P}{\mu_w L} \tag{7-13}$$

式中　Q_g、Q_o、Q_w——气体、原油和地层水的产量，cm^3/s；

K_{rg}、K_{ro}、K_{rw}——气体、原油和地层水的相对渗透率，无因次；

μ_g、μ_o、μ_w——气体、原油和地层水的动力黏度，mPa·s；

A、L——填砂管模型的横截面积和长度，cm^2、cm；

ΔP——填砂管模型两端得压差，Pa。

气体和原油产量比计算公式为：

$$\frac{Q_g}{Q_o} = \frac{\dfrac{K_g A\Delta P}{\mu_g L}}{\dfrac{K_o A\Delta P}{\mu_o L}} = \frac{\dfrac{K_g}{\mu_g}}{\dfrac{K_o}{\mu_o}} = \frac{\lambda_g}{\lambda_o} = M_1 \tag{7-14}$$

气体和地层水产量比计算公式为：

$$\frac{Q_g}{Q_w} = \frac{\dfrac{K_g A\Delta P}{\mu_g L}}{\dfrac{K_w A\Delta P}{\mu_w L}} = \frac{\dfrac{K_g}{\mu_g}}{\dfrac{K_w}{\mu_w}} = \frac{\lambda_g}{\lambda_w} = M_2 \tag{7-15}$$

式中　λ_g，λ_o，λ_w——气体、原油和地层水的流度。

流度计算公式分别为：

$$\lambda_g = \frac{K_g}{\mu_g} \tag{7-16}$$

$$\lambda_o = \frac{K_o}{\mu_o} \tag{7-17}$$

$$\lambda_w = \frac{K_w}{\mu_w} \tag{7-18}$$

M_1为气体和原油的流度比，计算公式为：

$$M_1 = \frac{\lambda_g}{\lambda_o} \tag{7-19}$$

M_2为气体和地层水的流度比，计算公式为：

$$M_2 = \frac{\lambda_g}{\lambda_w} \tag{7-20}$$

由于气体的黏度远小于原油和地层水的黏度，使气体和原油、气体和地层水的流度比很大。从产量公式中可以看出，气体的产量要远大于原油和水的产量。所以一旦气体突破，随着气体含量的增加，毛细管中逐渐形成段塞流，产出物以气体为主，很少有原油和地层水被采出。随着气体的不断注入，最终在毛细管中形成环状流，气体占据孔道的大部分空间，气体流动速度加快，发生气窜。

由上述分析可知，气体突破后，产出物以气体为主，很少有原油被采出。所以在实际注气生产中，要采取措施增加气体和油藏的接触时间，防止气体过早地发生气窜。

实验三空气泡沫驱时，随着注入空气 PV 数的增加，驱油效率逐渐增加；注入 0.47PV 空气时，气体发生突破，突破时的驱油效率为 73.35%；最终驱油效率为 74.61%。驱油效率随时间的变化关系与空气驱时基本相同，即驱替效率的增加主要发生在气体突破以前，气体突破以后，驱替出原油的量非常少，驱替效率变化不大。

通过三组实验对比发现，空气泡沫驱驱油效率最高，水驱次之，空气驱最低。空气驱从理论上讲可以有效避免油藏注水困难的问题，但是从室内实验驱油效果看，空气驱的效果也不能令人满意。产生这种现象的原因是空气驱过程中气体的携液能力较弱，注气过程中容易出现气窜和黏性指进的现象。导致空气驱过程中驱替效率和波及体积较小，最终采收率较低。

空气泡沫驱则有效弥补了空气驱中容易气窜的缺点。空气泡沫驱时注入空气和起泡剂在油藏内通过液膜滞后、缩颈分离和液膜断裂等机理形成气泡，气泡驱动原油。作为一种表面活性很强的添加剂，起泡剂能够使储层岩石表面的润湿性发生改变，同时可以使原油与地层水或注入水之间的界面张力大幅变小，使原来束缚在孔隙壁面或细小孔隙中的原油经过乳化、剥落等作用而成为可被开采的可动油。所以加入起泡剂后使气体的驱替效率大幅增加。由于泡沫的特殊物理和化学性质，泡沫流体在多孔介质渗流过程中具有“遇油消泡、遇水稳定”和“堵大不堵小”等特征。这些特征都有效增加了气驱过程中的波及体积。

二、空气驱和空气泡沫驱含氧量对比

目前空气驱技术遇到的一个关键问题就是注空气后生产井含氧量容易快速上升。当生产井中气体混合物中的氧含量到达爆炸极限时，在生产井的井口就有可能发生着火或者爆炸事故。为研究空气驱和空气泡沫驱过程中含氧量的变化，在实验模型中设置了气体取样口，通过测氧仪检测模型中各个取样口处不同时刻的氧气含量。本次实验在模型中设置了四个气体取样口，位置分布如图 7-5 所示，1 号取样口位于气体入口(距入口 0)，2 号取样口位于距入口 1m 处，3 号取样口位于距入口 3m 处，4 号取样口位于出口处(距入口 5m)。

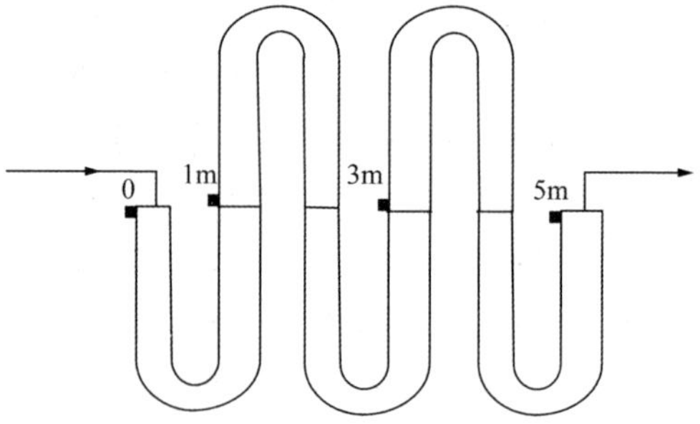

图 7-5　取样口在模型中的位置分布

空气驱时在不同时刻气体含氧量的检测结果如图 7-6 所示。由图示可知：随着驱替时间的增加，0 检测点(入口)处氧含量没有发生变化，气体中氧气含量始终与空气中的氧含量相同(21.9%)；1m、3m 和 5m 检测点处的氧含量逐渐增加。在注入气体 69 个小时后气体发生突破，突破时出口端含氧量为 16.8%；注入气体 85h 后停止注气，此时出口端的含氧量为 20.4%。在注入气体 48h 之前，3 号和 4 号检测点处在前两次检测时氧含量都为 0，可见此时气体驱替前缘还没有到达后两个检测点。在同一时刻模型从入口到出口的氧含量存在明显的差值，随着注入时间的增加模型两端的氧气浓度差逐渐减小。在注入气体 85h 后，模型出入口的氧气浓度差仅为 0.9%。

空气泡沫驱在不同时刻气体含氧量的检测结果如图 7-7 所示。由图示可知：随着驱替时间的增加，0 检测点(入口)处氧含量没有发生变化，气体中氧气含量始终与空气中的氧含量相同，1m、3m 和 5m 检测点处的氧含量逐渐增加。在注入气体 194 个小时后气体发生突破，突破时出口端含氧量为 1.6%；注入气体 216

小时后停止注气，此时出口端的含氧量为 17.2%。在同一时刻模型从入口到出口的氧含量存在明显的差值，随着注入时间的增加模型两端的氧气浓度差逐渐减小。

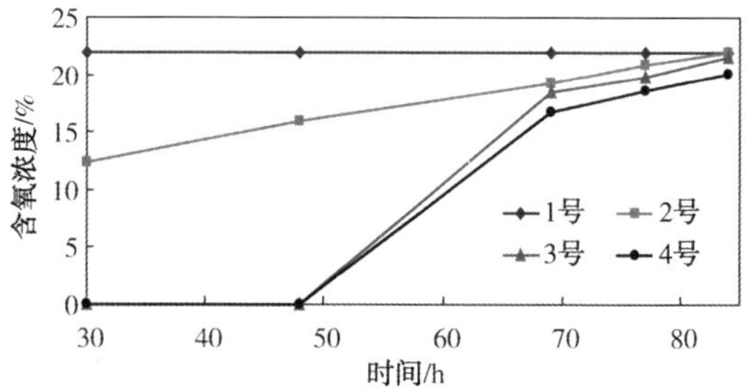

图 7-6 空气驱不同监测点处含氧量随时间的变化

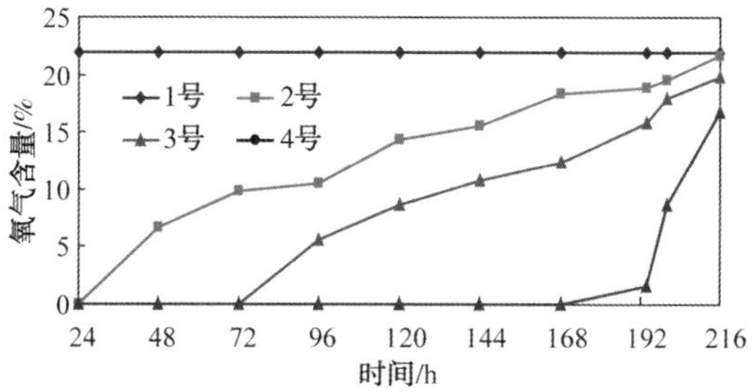

图 7-7 空气泡沫驱不同监测点处含氧量随时间的变化

通过两组实验对比发现加入起泡剂后，气体突破时间延长，气体突破时氧气含量明显减少。空气驱气体突破时的氧气含量为 16.8%，空气泡沫驱气体突破时的氧含量为 1.6%。出现这种现象的主要原因是加入起泡剂后大大延缓了气体的突破时间，增加了气体和原油的接触时间。原油的低温氧化是一个十分缓慢的过程，氧化反应速率很小，通常需要较长的接触时间氧气才能消耗完全。在实际油藏中由于注气井和生产井之间井距较远基本可以满足这种需求，但室内实验由于受模型的限制通常反应时间为几小时甚至几十分钟，不能完全模拟原油的低温氧化过程。本实验使用的模型长 5m，原油的低温氧化反应时间可以达到几百小时，可以较好地模拟原油的低温氧化过程。实验结果也表明只要原油和氧气有充足的反应时间，气体中的氧气基本可以消耗完全。

通过以上对空气驱和空气泡沫驱过程中的含氧量的分析，可知加入起泡剂后可以大大延缓气体突破的时间，这样可以增加模型中的氧气和原油的反应时间，大大降低气体突破时的氧气含量。这样气体突破后气体中的氧含量较低，生产风险减小。所以在现场应用中要严格控制生产制度，延缓气体的突破时间，气体突破后要紧密监控或采取措施控制生产井中的含氧量。

三、空气泡沫驱起泡剂浓度优化

通过实验三发现起泡剂 HS-403 在浓度为 0.3%、段塞大小为 0.1PV 的条件下，驱油效率和含氧量控制都较好。为提高现场实施时的经济性和研究起泡剂浓度对空气泡沫驱时的驱油效率的影响，进行了实验四。与实验三相比，实验四的实验条件仅将起泡剂的浓度变为 0.2%，通过这两组实验以对比分析起泡剂浓度对空气泡沫驱的影响，为现场试验方案制定提供一定的参数依据。

实验四的起泡剂类型为起泡剂 HS-403，起泡剂浓度为 0.2%，注入泡沫段塞长度为 0.1PV。实验温度与地层温度相同（70℃），驱替时入口压力维持在 30MPa，驱替压差取 0.2MPa。实验模型由 5 根长 1m，直径为 3.2cm 的钢质“U”形管组成。模型的组合渗透率为 $9.83\times10^{-3}\mu m^2$，平均孔隙度为 23.64%，平均原始含油饱和度为 69.02%。单个岩心模型的物性参数如表 7-3 所示。

表 7-3　实验四岩心模型物性参数表

岩心序号	8	9	10	7	1	平均
渗透率/$10^{-3}\mu m^2$	19.838	12.817	16.911	5.7434	6.808	9.83
有效孔隙度/%	24.88	23.64	24.88	22.39	22.39	23.64
含油饱和度/%	64.71	68.16	65.29	71.67	75.26	69.02

实验四空气泡沫驱时，注入孔隙体积倍数和驱油效率的关系曲线如图 7-8 所示。由图可知，空气泡沫驱时随着注入 PV 数的增加，驱油效率逐渐增加；注入 0.43PV 时，气体发生突破，突破时的驱油效率为 65.88%，气体突破后的驱油效率增加速度开始变慢，最终注入 0.46PV 气体，驱油效率为 66.74%。驱油效率变化规律与前几组实验相同，即驱替效率的增加主要发生在气体突破以前，气体突破以后，驱替出原油量非常少，驱替效率变化不大。

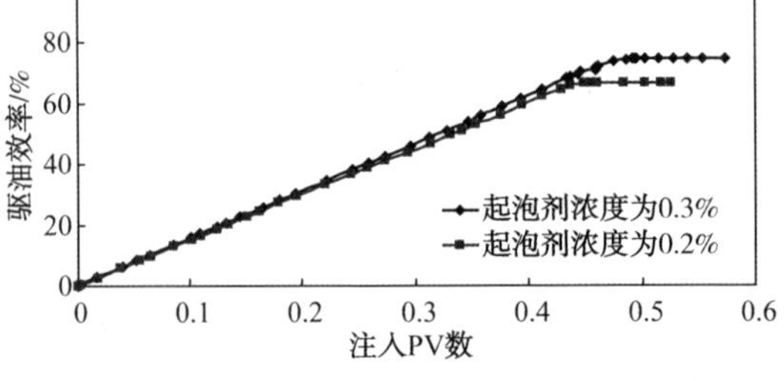

图 7-8　起泡剂不同浓度注入孔隙体积倍数和驱油效率的关系

通过两组实验对比来看，起泡剂浓度减小后，气体突破时的驱油效率降低了 7.47%，最终驱油效率减少 7.87%，可见减小泡沫浓度后气体突破时和最终的驱油效率降低。这主要是因为减少起泡剂浓度后起泡剂起泡体积和泡沫寿命相应缩短，导致驱油效率降低。空气泡沫驱油时要综合经济性、起泡剂的作用效果和起泡剂在多孔介质中流动时的吸附性等方面的因素。综合起泡剂体系优化实验和室内驱替实验研究结果表明，该区块空气泡沫驱时泡沫段塞的浓度为0.3%为宜。

四、空气泡沫驱起泡剂段塞优化

通过不同起泡剂浓度空气泡沫驱实验结果对比发现起泡剂HS-403在浓度为0.3%、段塞大小为0.1PV的条件下，驱油效率和含氧量控制都较好。为提高现场实施时的经济性和研究起泡剂段塞大小对空气泡沫驱时的驱油效率的影响，进行了实验五。与实验三相比，实验五的实验条件仅改变起泡剂的段塞大小(0.05PV)，通过这两组实验的对比获得空气泡沫驱时相对合理的段塞大小(表7-4)。

表7-4　实验五岩心模型物性参数表

岩心序号	2	11	12	17	19	平　均
渗透率/$10^{-3}\mu m^2$	19.537	15.351	20.039	5.06	10.294	10.85
有效孔隙度/%	24.88	23.64	24.88	22.39	23.64	23.89
含油饱和度/%	60.00	65.26	64.00	71.11	67.11	65.50

实验五的起泡剂类型为起泡剂HS-403，起泡剂浓度为0.3%，注入泡沫段塞长度为0.05PV。实验温度与地层温度相同(70℃)，驱替时入口压力维持在30MPa，驱替压差取0.2MPa。实验模型由5根长1m，直径为3.2cm的钢质“U”形管组成。模型的组合渗透率为$10.85\times10^{-3}\mu m^2$，平均孔隙度为23.89%，平均原始含油饱和度为65.50%。

实验五空气泡沫驱时，注入孔隙体积倍数和驱油效率的关系曲线如图7-9所示。由图7-9可知，空气泡沫驱时随着注入PV数的增加，驱油效率逐渐增加，注入0.38PV时，气体发生突破，突破时的驱油效率为56.14%，气体突破后的驱油效率增加速度开始变慢，最终注入0.41PV气体，驱油效率为58.09%。驱油效率变化规律与前几组实验相同，即驱替效率的增加主要发生在气体突破以前，气体突破以后，驱替出原油量非常少，驱替效率变化不大。

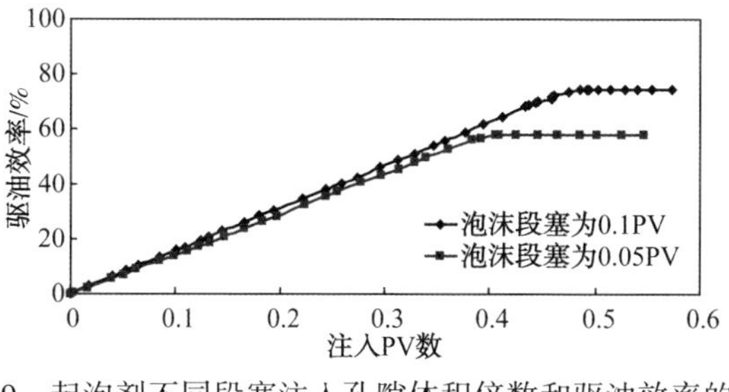

图7-9　起泡剂不同段塞注入孔隙体积倍数和驱油效率的关系

通过两组实验对比，段塞大小减小一半后，气体突破时泡沫的注入量降低了 0.09PV，过早地形成气窜，而且气体突破时的驱油效率降低了 17.21%，最终驱油效率减少 16.52%。可见减小泡沫段塞后气体突破时和最终的驱油效率大幅降低。这主要是因为泡沫剂在模型移动过程中有一定的损耗，一旦起泡剂过量损耗，起泡剂对油气流度影响减小，气体便穿过起泡剂段塞向前移动，最后快速突破导致波及面积减小和驱油效率下降。在现场试验时注入段塞太大则施工成本较高，太小则起不到封堵作用，现场注入时要综合经济性和起泡剂的封堵效果两方面的因素。室内实验研究结果表明，该区块空气泡沫驱时泡沫段塞的大小为 0.1PV 为宜。

为研究空气驱油和空气泡沫驱油过程，本章根据相似原理设计和制作了填砂管实验模型和空气泡沫驱油实验系统。实验模型由 5 根长 1m，直径为 3.2cm 的钢质“U”形管组成，模型基本物性参数与西峰油田低渗透油藏相同，可以充分模拟油藏中原油的低温氧化过程和油藏非均质性及空气泡沫驱油过程中的重力分异作用。通过该系统可以实现空气泡沫驱油过程中驱替压力、驱替压差和注入泡沫剂段塞大小等参数的监测和调控，可以实时检测空气泡沫驱油过程中模型内部温度场、压力场及模型各检测点处氧气含量变化。利用该系统进行四个系列的实验研究之后，可获得如下结论：

(1)通过水驱、空气驱和空气泡沫驱三组驱油实验可知空气泡沫驱驱油效率最高，水驱次之，空气驱最低。

(2)空气驱和空气泡沫驱时，在空气突破以前，注空气或空气泡沫能够明显地提高原油的驱替效率；气体突破以后，驱替出原油的量非常少，驱替效率增加幅度不大。

(3)加入一定体积的泡沫段塞后驱油效率大幅度上升，气体突破时间明显延长，气体突破时的氧含量大幅度降低。可见加入起泡剂后对空气驱油作用效果十分明显，可显著提高驱油效率和降低含氧量。

(4)起泡剂 HS-403 无论在提高驱油效率还是在降低气体突破时含氧量方面都表现出良好的性能，建议开展现场空气泡沫驱油试验时使用起泡剂 HS-403。

第八章　耗氧催化剂的筛选与评价

在前面的空气泡沫驱低温氧化实验中可以发现，在油藏温度(70℃)下，当注入气体194h后突破时，氧气含量为1.6%，处于较低的水平。由西峰油田的储层特征研究发现，西峰油田的微裂缝比较发育，这就给注气过程带来一定的困难，虽然采用了注空气泡沫的方式来减缓气窜的发生，但是由于西峰油田原油溶解气含量比较高，气油比达到107～119m^3/t。所以为了提高空气驱矿场试验的安全性，在生产井中采用通过压裂施工在近井地带敷设耗氧催化剂，以加速低温氧化反应速率，降低气体突破时注入空气中的剩余氧浓度，确保注空气技术在现场应用的安全性。

第一节　耗氧催化剂对原油低温氧化影响分析

耗氧催化剂是一种能够加速注空气低温氧化过程中氧气消耗的一种化学催化剂。为分析耗氧催化剂对西峰低渗透油藏原油低温氧化反应的影响，进行了两组耗氧催化剂对原油低温氧化影响实验。实验温度为70℃，反应装置为“U”形填砂管模型。设计了两组实验来研究耗氧催化剂对原油低温氧化反应的影响。一组只加入油砂而不添加耗氧催化剂(空白实验)，一组除油砂外还添加了40mL的耗氧催化剂。

一、反应过程中压力变化分析

不含耗氧催化剂实验和含40mL耗氧催化剂实验填砂管模型中压力随反应时间的变化曲线如图8-1所示，压降梯度随反应时间的变化如图8-2所示。

由图8-1可以看出，耗氧催化剂对原油低温氧化影响实验的压力和压降梯度变化趋势与前几组原油低温氧化实验的变化趋势相同，都是从最高压力开始缓慢下降，压降梯度随着反应时间的增长而逐渐减小，最终趋于稳定。对比两组实验发现无耗氧催化剂实验压力从26.56MPa下降至25.67MPa，共下降了0.89MPa。含耗氧催化剂实验压力从26.36MPa下降至21.03MPa，共下降了6.33MPa，可见加入耗氧催化剂可以显著提高气体的消耗。由图 8-2 可以看出，含耗氧催化剂实验的压降梯度明显大于无耗氧催化剂实验的压降梯度，也证明了加入耗氧催化剂可以显著提高气体的消耗。通过压降法计算两组实验的平均低温氧化反应速率可得无耗氧催化剂为 1.19×10^{-5} mol/(h · mL)，含耗氧催化剂为 8.75×10^{-5} mol/(h · mL)，加入耗氧催化剂后低温氧化反应速率提高了 7 倍多，可见耗氧催化剂在实验条件下能大幅度提高低温氧化反应速率，作用效果显著。

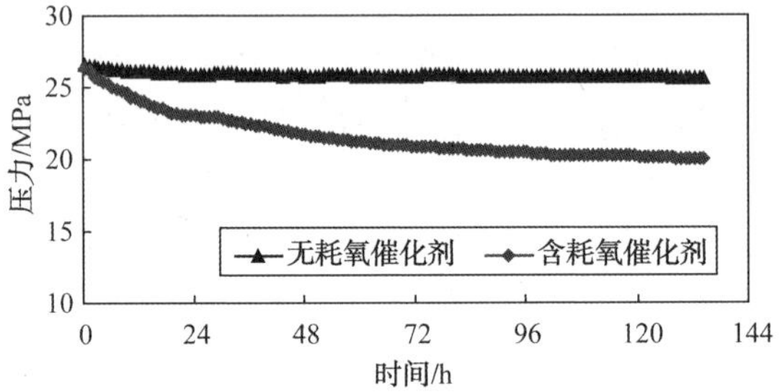

图 8-1　耗氧催化剂影响实验压力随反应时间的变化关系曲线

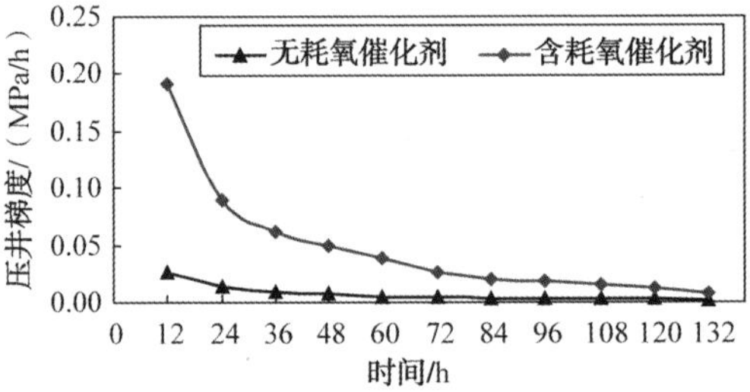

图 8-2　耗氧催化剂影响实验压降梯度随反应时间的变化关系曲线

二、气体组分变化分析

取两组实验反应后的气样，检测气样中 O_2、N_2、CO_2 和 CO 的气体百分含量。无耗氧催化剂检测图谱如图 8-3 所示、含耗氧催化剂检测图谱如图 8-4 所示，与空气样的对比结果如表 8-1 所示。

表 8-1　耗氧催化剂影响实验反应前后气体组分表

气样含量	O_2/%	N_2/%	CO/%	CO_2/%
空气样	21.9	77.68	0	0.03
无耗氧催化剂实验气样	16.86	81.11	0.17	0.62
含耗氧催化剂实验气样	9.84	68.44	0.39	8.18

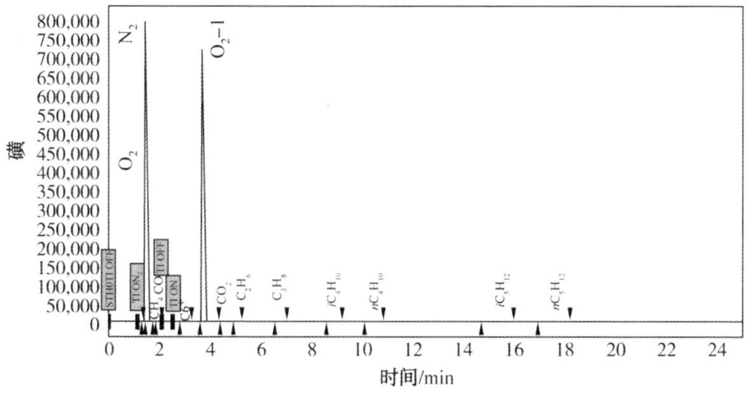

图 8-3　无耗氧催化剂反应后气体组分检测图谱

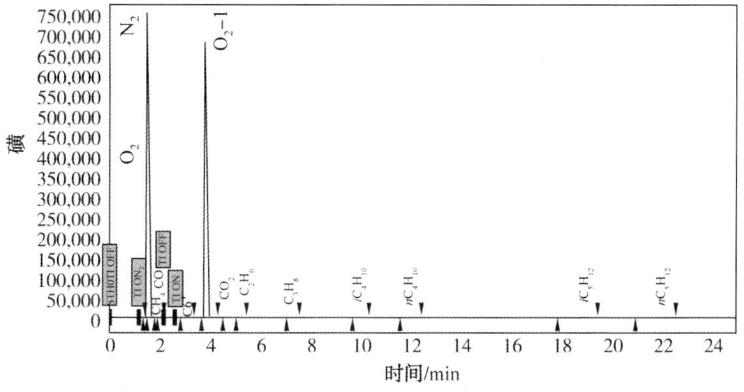

图 8-4　含耗氧催化剂反应后气体组分检测图谱

由表 8-1 可知，与反应前空气样相比，无耗氧催化剂实验反应后气样中的氧气含量减少了 5.04%，含耗氧催化剂实验反应后氧气含量减少了 12.06%；无耗氧催化剂实验反应后二氧化碳含量增加了 0.59%，含耗氧催化剂实验反应后二氧化碳含量增加了 8.15%；可见加入耗氧催化剂后能显著增加低温氧化反应的进行程度，大大降低反应后气体中的氧气浓度。

三、原油元素变化分析

取反应后的油样，检测样品中碳、氢、氧元素的含量，检测结果如表 8-2 所示。

表 8-2　耗氧催化剂影响实验反应前后原油元素变化表

元素含量	N/%	C/%	H/%	O/%
原始油样	0.12	83.54	12.56	3.52
无耗氧催化剂实验气样	0.02	73.93	10.39	1.38
含耗氧催化剂实验气样	0.09	70.23	10.76	1.56

由表 8-2 可知，两组实验反应后氮元素、氢元素和氧元素变化并不明显，碳元素含量明显减少。含耗氧催化剂实验与无耗氧催化剂反应后油样中的各元素含量基本一致，可见耗氧催化剂对原油元素组成的影响并不明显。

四、原油族组分变化分析

取反应前后的油样，检测样品中原油族组分含量。两组耗氧催化剂对原油低温氧化影响实验反应前后原油检测结果如表 8-3 所示。

表 8-3　耗氧催化剂影响实验反应前后原油元素族组分分析结果

族组分	饱和烃/%	芳香烃/%	胶质/%	沥青质/%
原始油样	51	31.2	11.4	6.4
无耗氧催化剂实验气样	63.8	18.1	13.2	4.9
含耗氧催化剂实验气样	66.2	19.6	12.2	2.0

从表 8-3 中可知，与实验前油样相比，两组实验反应后油样中的饱和烃含量增加，芳烃含量减少，胶质含量增加，沥青质含量减少。此结论与原油低温氧化性能实验原油族组分分析结果相比，饱和烃和芳香烃变化趋势一致。含耗氧催化剂实验与无耗氧催化剂反应后相比，油样族组分并没有发生显著变化，可见耗氧催化剂对原油族组分的影响并不明显。

五、原油气相全烃色谱分析

分别取两组实验反应前后的油样，检测样品中正构烷烃碳原子个数含量。反应前后原油全烃色谱分析图谱如图 8-5 和图 8-6 所示，由原始检测图谱绘制的碳原子个数变化曲线如图 8-7 所示。

由图 8-7 可以看出，与原始油样相比两组实验反应后原油的重质组分减少，轻质组分增加，这与原油低温氧化性能实验原油正构烷烃变化趋势相同。两组实验碳原子变化量分布如图 8-8 和图 8-9 所示。对比分析后发现，无耗氧催化剂碳原子增加区间主要发生在 $C_4 \sim C_{13}$，减少区间主要发生在 $C_{19} \sim C_{32}$；含耗氧催化剂碳原子增加区间主要发生在 $C_4 \sim C_{10}$，减少区间主要发生在 $C_{13} \sim C_{35}$，可见加入耗氧催化剂可使碳链断裂的范围增大，断裂后生成的短碳链更加集中。

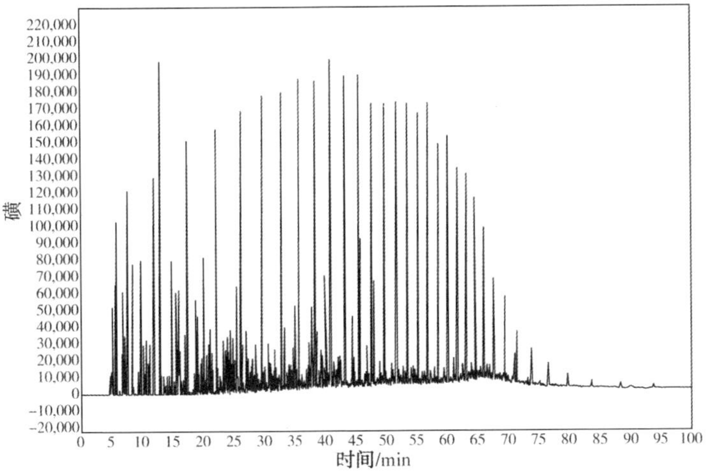

图 8-5 无耗氧催化剂应后原油全烃气相色谱分析原图

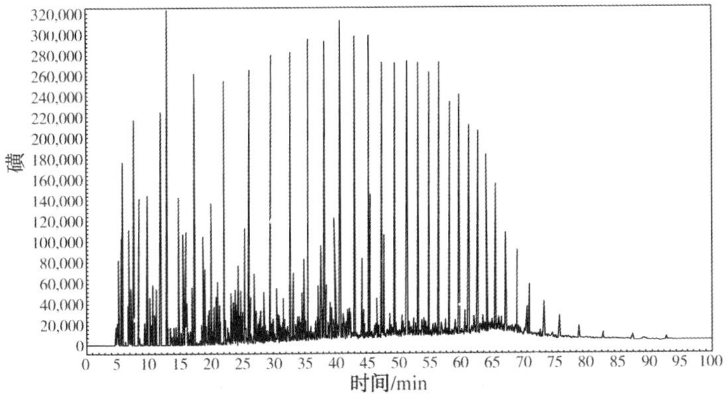

图 8-6 含耗氧催化剂反应后原油全烃气相色谱分析原图

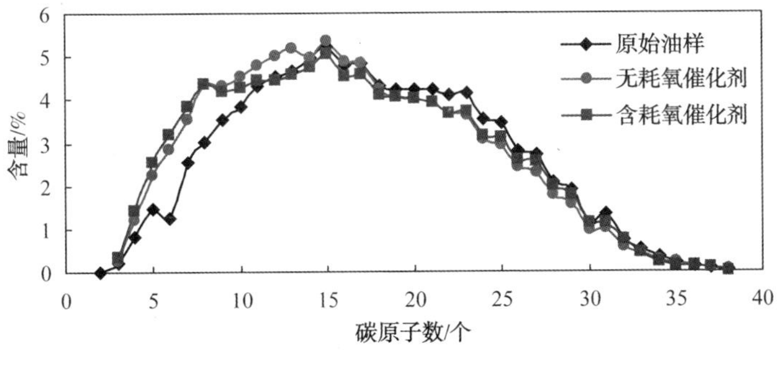

图 8-7 耗氧催化剂影响实验反应前后的碳原子个数变化曲线

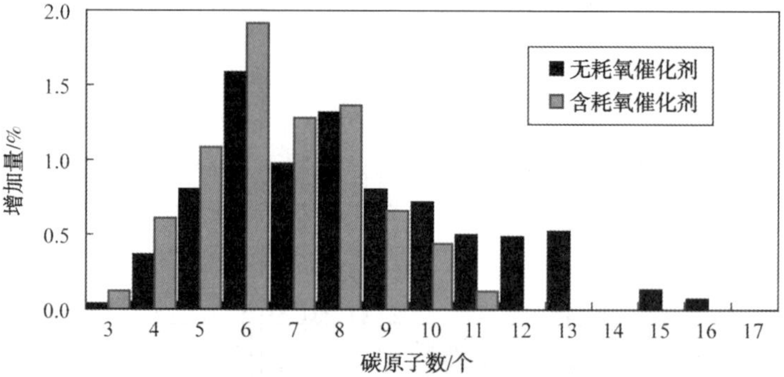

图 8-8　耗氧催化剂影响实验碳原子增加量分布图

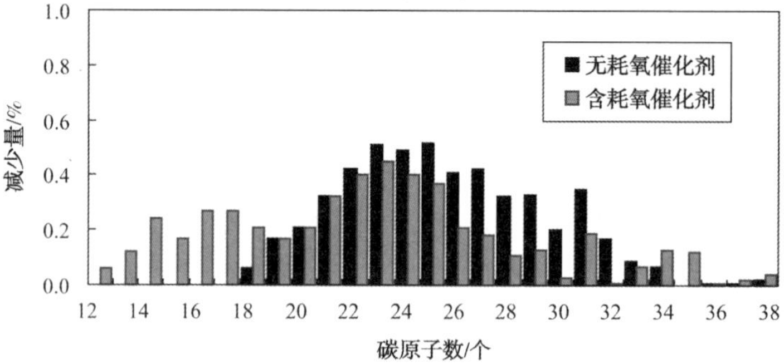

图 8-9　耗氧催化剂影响实验碳原子减少量分布图

通过两组实验的对比分析，可知加入耗氧催化剂后填砂管压力下降程度增加，压降梯度增大。加入耗氧催化剂后原油的低温氧化反应速率从 1.2×10^{-5} mol/(h · mL)增加到 8.75×10^{-5} mol/(h · mL)，增加了 7 倍多，可见耗氧催化剂大幅增加了低温氧化反应速率。加入耗氧催化剂后气体中的氧气含量从反应前的 21.9%降低至反应后的 9.84%，可见耗氧催化剂可以大幅降低反应后气体中的含氧量。加入耗氧催化剂后使断裂碳链的范围增大，生成的短碳链更加集中。

第二节　耗氧催化剂优选实验分析

通过耗氧催化剂对原油低温氧化反应影响实验分析可知耗氧催化剂大大增加了低温氧化反应的速率，降低了反应后空气中氧气的含量。为最大化的提高西峰油田低渗透油藏原油的低温氧化反应速率，设计了四组耗氧催化剂优选实验。通过耗氧催化剂优选实验对比不同耗氧催化剂对西峰油田低渗透油藏原油的低温氧化反应的影响，优选出适合西峰油田低渗透油藏原油的耗氧催化剂。实验温度为

70℃，反应装置为“U”形填砂管模型。在四组实验模型管中各添加了 40mL 标号为 A～D 的不同种类的耗氧催化剂。

一、反应过程中压力变化分析

四组耗氧催化剂优选实验反应过程中压力和压降梯度变化如图 8-10 和图 8-11 所示。

由图 8-10 和图 8-11 可以看出，各组实验的压力随着反应时间的增加而逐渐减小，压降梯度也随反应时间的增加逐渐减小，这与耗氧催化剂对原油低温氧化性能影响实验的结果一致。对比四组实验后可以发现，耗氧催化剂 A 和耗氧催化剂 B 作用效果比较明显，优于其他两种耗氧催化剂。

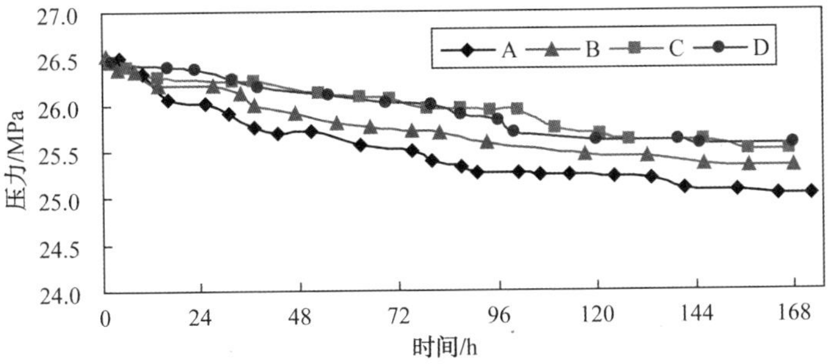

图 8-10　耗氧催化剂对比实验压力随反应时间的变化曲线

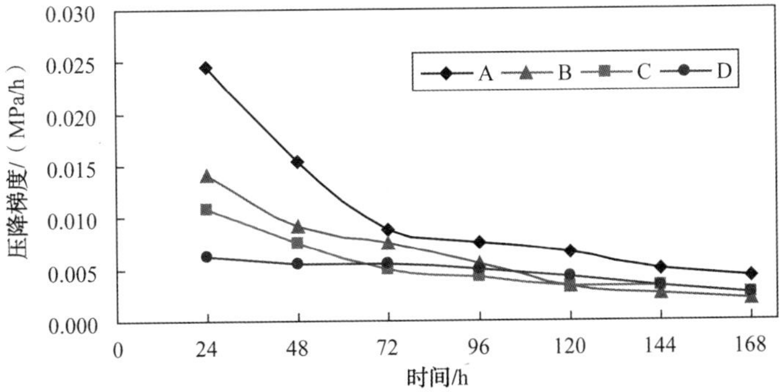

图 8-11　耗氧催化剂对比实验压降梯度随反应时间的变化曲线

通过压降法计算各组实验的平均低温氧化反应速率可得表 8-4。从表 8-4 可以看出，加入耗氧催化剂后各组实验的低温氧化速率都出现不同程度的增加，这与耗氧催化剂对原油低温氧化影响实验结果一致。对比四组实验后可以发现，耗氧催化剂 A 和耗氧催化剂 B 作用效果比较明显，优于其他两种耗氧催化剂。

表 8-4 耗氧催化剂优选实验平均低温氧化速率表

序 号	空白实验	包砂 A	包砂 B	包砂 C	包砂 D
反应速率/[10^{-5} mol/(h · mL)]	1.19	1.57	1.24	1.21	1.20

二、气体组分变化分析

取四组实验反应后的气样，检测气样中 O_2、N_2、CO_2 和 CO 的气体百分含量。四组实验气体组分变化如表 8-5 所示。

表 8-5 耗氧催化剂优选实验气体组分变化表

含 量	O_2/%	N_2/%	CO/%	CO_2/%	O_2减少量/%	CO 增加量/%	CO_2增加量/%
空气样	21.9	77.68	0	0.03	—	—	—
包砂 A	4.53	91.29	0.62	1.92	17.37	0.62	1.89
包砂 B	10.83	78.46	0.32	1.75	11.07	0.32	1.72
包砂 C	18.82	79.63	0.05	0.17	3.08	0.05	0.14
包砂 D	4.61	92.22	0.50	1.62	17.29	0.50	1.59

从表 8-5 可以看出，与空气样相比，各组实验氧气含量都出现不同程度的减少，二氧化碳和一氧化碳含量出现不同程度的增加，这与耗氧催化剂对原油低温氧化性能影响实验结果相一致。对比四组实验后可以发现，耗氧催化剂 A 和耗氧催化剂 D 作用效果比较明显，优于其他两种耗氧催化剂。

三、原油元素变化分析

取反应后的油样，检测样品中碳、氢、氧元素的含量。四组实验检测结果如表 8-6 所示。

表 8-6 耗氧催化剂优选实验原油元素变化表

元素含量	N/%	C/%	H/%	O/%
原始油样	0.12	83.54	12.56	3.52
包砂 A	0.09	73.23	10.76	1.56
包砂 B	0.18	75.16	11.46	1.13
包砂 C	0.36	74.21	11.73	1.16
包砂 D	0.52	77.27	12.61	1.56

从表 8-6 可以看出，与原始油样相比，各组实验反应后氮元素、氢元素和氧

元素变化并不明显，碳元素含量明显减少，这与耗氧催化剂对原油低温氧化性能影响实验结果一致。对比四组实验发现，各组实验反应后油样中的各元素含量基本一致，对原油元素组成的影响都并不明显。

四、原油族组分变化分析

依据行业标准，取反应前后的油样，检测样品中原油族组分含量。四组实验反应前后原油检测结果如表 8-7 所示。

表 8-7　耗氧催化剂优选实验原油族组分变化表

族组分	饱和烃/%	芳香烃/%	胶质/%	沥青质/%
空白实验	51.0	31.2	11.4	6.4
包砂 A	66.2	19.6	12.2	2.0
包砂 B	67.4	19.8	10.5	2.3
包砂 C	62.2	20.6	14.8	2.4
包砂 D	63.4	21.2	11.5	3.9

从表 8-7 可以看出，与空白实验相比，各组实验饱和烃含量增加，芳香烃含量减小，这与耗氧催化剂对低温氧化性能影响实验结果相一致。对比四组实验发现，四种耗氧催化剂实验反应后油样中的族组分含量基本一致，对原油族组分的影响都并不明显。

五、原油全烃气相色谱分析

依据行业标准，分别取四组实验反应前后的油样，检测样品中正构烷烃碳原子个数含量。反应前后碳原子个数变化曲线如图 8-12 所示。碳原子个数各阶段变化量如表 8-8 所示。

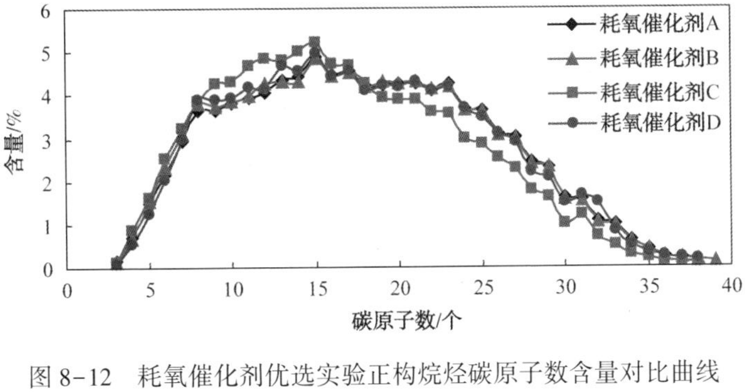

图 8-12　耗氧催化剂优选实验正构烷烃碳原子数含量对比曲线

从表 8-8 可以看出除实验耗氧催化剂 C 外，其余几组主要是 $C_6 \sim C_{10}$、$C_{25} \sim C_{30}$含量增加，$C_{11} \sim C_{18}$含量减少。对比四组实验发现，四种耗氧催化剂反应后油样中的碳原子个数分布基本一致，对原油族组分的影响都并不明显。

表 8-8 耗氧催化剂优选实验正构烷烃碳原子数含量变化表

分析项目	耗氧催化剂			
	A	B	C	D
$C_3 \sim C_5$ 变化量/%	-0.19	-0.17	0.1	-0.62
$C_6 \sim C_{10}$变化量/%	2.03	2.64	4	2.59
$C_{11} \sim C_{18}$变化量/%	-2.75	-2.9	0.49	-2.14
$C_{19} \sim C_{24}$变化量/%	0.34	0.36	-2.57	0.18
$C_{25} \sim C_{30}$变化量/%	2.06	1.86	-2.07	1.16
$C_{31} \sim C_{35}$变化量/%	0.15	0.45	0.03	0.31
$C_{36} \sim C_{40}$变化量/%	0.15	0.45	0.03	0.31

通过四组不同种类的耗氧催化剂优选实验，评价了四组耗氧催化剂对原油低温氧化性能的影响。实验结果表明，含氧催化剂能够加快低温氧化反应的进程，促进氧气的消耗。对比四组实验后发现，耗氧催化剂 A 与其他三组耗氧催化剂相比作用效果较好，比较适合西峰油田低渗透油藏原油的低温氧化反应。

第九章　西峰油田低渗透油藏空气泡沫驱先导试验方案

在对国内外空气泡沫驱油技术大量调研分析和原油低温氧化实验、空气泡沫体系评价实验及空气泡沫驱油实验的基础上，综合注水井有机酸酸化解堵和采油井前置酸压裂增产措施，在西峰油田低渗透油藏开展空气泡沫驱先导试验。由于有机酸酸化和前置酸压裂的施工与常规酸化、压裂在工艺实施上区别不大，本文仅对空气泡沫驱实验方案进行设计。

第一节　先导试验的目的和意义

在西峰油田低渗透油藏开展空气泡沫驱先导试验主要有以下几个方面的目的：

(1)深化对空气泡沫驱油理论及驱油机理的研究和认识。

(2)研究在油藏条件下原油的低温氧化能力，了解气体突破的时间和规律。

(3)研究在油藏条件下泡沫体系的起泡能力和稳定性，认识泡沫调节流度和抑制气窜的能力。

(4)通过具体实践认识空气泡沫驱注采井的生产特征，了解空气泡沫驱提高采收率的能力。

(5)探索该组合工艺的增产潜力，为矿场应用和该组合技术的大面积推广提供一定的经验和依据。

第二节　先导试验选井选层

根据国内外空气泡沫驱油现场试验的调研和分析，总结出空气泡沫驱油选层选井原则，主要有以下几点：

(1)选择的试验层位的生产井周围有一定的剩余可采储量，这是空气泡沫驱油提高采收率的物质基础和基本前提。

(2)选择试验层位埋藏越深，温度越高，实施条件越好。高温、高压可以提高空气的低温氧化速率，降低驱替气体中的氧含量。

(3)试验层位储层非均质性越严重，空气泡沫驱效果越好。空气泡沫驱时泡沫可以对非均质性严重导致注入剖面差的油井进行有效的调剖、控制水锥、改变注入流体层内的渗流方向，从而扩大波及体积，提高注入介质的驱油效率。

(4)空气泡沫的注入层位应选择含水饱和度较低的层位。因为在水层或含水饱和度较高的井区注泡沫时，起泡剂损失严重，起泡效果变差，最终导致驱油效果变差。

(5)注入层位最好有一定的垂向变化和地层倾角。因为在油层倾角的高部位注气，可以使高部位滞留在油层的空气量增加，有利于增加重力排驱的效果，延长气体突破的时间，降低驱替气体中的含氧量，提高驱油效率。

第三节　先导试验现场工程设计

一、注入流程设计

1. 注入设备选型

空气泡沫驱油主要的注入设备为空气压缩机，空气压缩机选型时要求公称容积流量和排气压力这两个性能参数满足要求。其次还要求：①操作维护方便，性能稳定可靠，可以连续运转。②进气口空气过滤器过滤性能良好。③出气口要安装单流阀，防止注入空气在停机时回流。④应具有计量空气的瞬间流量和累计空气流量的流量计。

2. 注入井口选型

采用 KQS70/65 下悬挂坐封式注气井口(图 9-1)，该井口为专用注气井口，额定工作压力 70MPa，可以满足最高注气压力要求，通径 65mm，满足注气管柱起下作业要求，连接全部采用气密封结构，满足长期注气要求。

3. 注气管柱设计

选择 Y441 和 Y341 双封隔器管柱作为井下注气管柱，采用改良的丁腈橡胶作为封隔器胶筒，该橡胶可以在硬度较小的同时保证胶筒回弹性能不变，在不影响工具性能情况下，零件间隙尽量缩小，提高密封性及耐压能力。油管采用气密封油管，油套环空中加入防腐液，避免油管泄漏的少量气体对油管外部和套管内部造成不必要的氧化腐蚀，添加回流阀防止空气回流，注气管柱如图 9-2 所示。

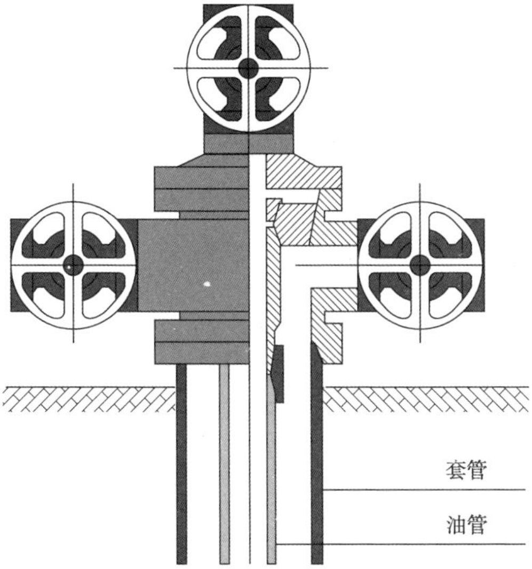

图 9-1 KQS70/65 下悬挂坐封式注气井口

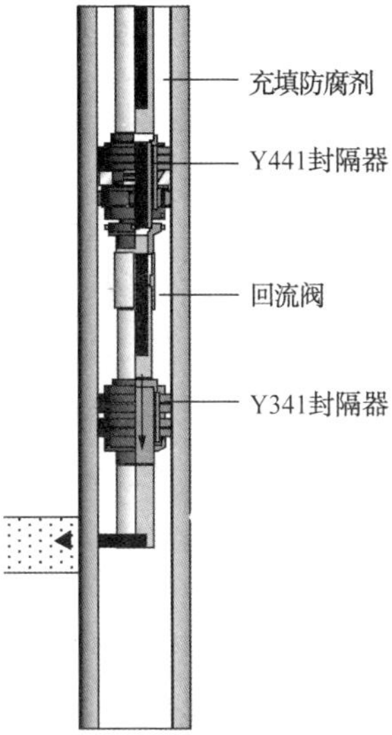

图 9-2 井下注气管柱

4. 注空气泡沫地面流程设计

注空气泡沫地面流程(图 9-3)分三部分，分别为注泡沫流程、注空气流程和注清水或氯化钾水溶液流程。现场实验时首先利用注泡沫流程向注入井中注入一定量的起泡剂溶液，然后利用注空气流程向注入井持续注入空气，空气和起泡剂在地下起泡形成空气泡沫驱油。在注空气过程中要对注气井的压力、温度、注入量进行严格监测，以防出现生产事故。

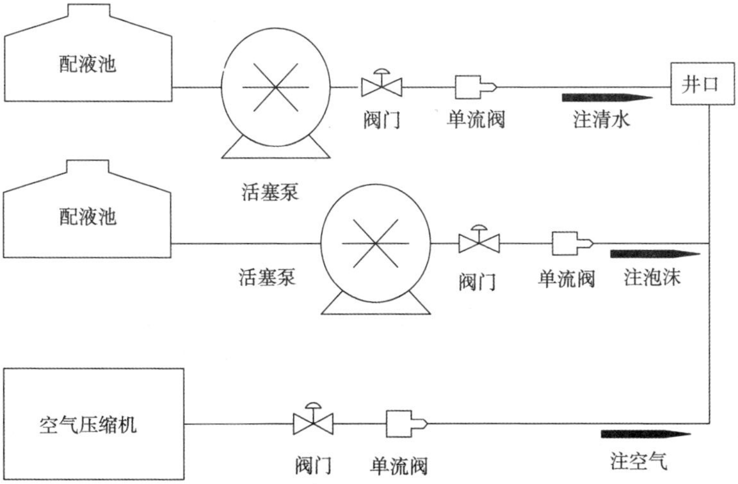

图 9-3 地面工艺流程示意图

二、注入参数设计

1. 注入起泡剂选择

根据空气泡沫驱油室内实验研究结果采用“HS-403”型起泡剂作为注入起泡剂，该起泡剂综合性能较好，起泡能力相对较强、稳定性相对较好、耐盐能力和耐温能力等指标能够满足工艺要求。实验证明“HS-403”型起泡剂的性能完全可以满足西峰油田低渗透油藏地层条件下的使用要求。

2. 注入浓度和段塞大小选择

根据空气泡沫驱油室内实验研究结果选择起泡剂的浓度为0.3%，起泡剂溶液段塞大小为0.1PV。室内实验表明注入浓度为0.3%的“HS-403”型起泡剂0.1PV后可明显延缓气体的突破时间，提高驱油效率。

3. 发泡方式选择

目前国内外泡沫驱过程中所用的发泡方式一般有两种，即地上发泡和地层发泡。地上发泡指将配置好的一定浓度的发泡剂与注入气体，在地面的泡沫发生器中混合，生成泡沫。地上发泡方式具有液相与气相混合均匀、产生气泡效果好的优点；但是这种发泡方式，在注入的过程中对注入压力较高和设备工作参数要求比较高。地层发泡指先将配置好一定浓度的起泡剂溶液注入目标储层，然后再注入一定量的气体，利用气相、液相的流动差异，气相在地层中的流动速度远大于液相，这样起泡剂溶液在地层混相中产生泡沫。这种发泡方式的优点在于便于注入；缺点是发泡效果没有地面发泡效果好。西峰油田低渗透油藏储层物性差，注入压力高，注入速度低，加上泡沫视黏度大，因此本次现场实验选择的发泡方式为地层发泡，起泡剂溶液和空气在地面分段塞交替从油管中注入。

4. 注入压力选择

根据室内实验的结果和选择的空气压缩机的额定压力，本次先导试验最大注入压力不超过30MPa。

三、井口产出流程

1. 井口产出液体的集输

对井口产出的液体，采用单井单罐分开集输和计量的方式。储液罐的选择，根据油井产出情况设计。同时为了监测产出流程管线的腐蚀情况，在流程管线上安装挂片。

2. 井口产出气体的处理

现场施工时，对产出气体的成分及含量进行实时监测，确认安全、无害的气体可以放空，否则必须按照HSE标准进行集输处理。

3. 油井井口

为确保安全和取样方便，在套管处安装放空管线，并且放空口要距井口至少25m。在放空管线上安装压力表和取样装置。

四、耗氧催化剂的敷设

为保证注入空气中的氧气都能被耗尽，并且生产井出口气体含氧量在安全极限以下，对油井进行重复压裂施工。施工时将筛选好的耗氧催化剂A包被在支撑剂上，随支撑剂一起敷设在生产井周围，以确保施工安全。

第四节　安全性评价

注空气驱油技术中的安全问题是大家关注的一个焦点。从空气压缩机、地面管线、注气井到油藏、生产井和采油设备，每个环节都要采取相应的安全技术措施。

一、注气过程中可燃气体爆炸极限分析

当可燃性气体与空气在一定范围内均匀混合，遇到火源时会发生爆炸，这个浓度范围即为其爆炸极限。可燃性混合物能够发生爆炸的最低浓度和最高浓度，分别称为爆炸上限和爆炸上限，这两者有时亦称为着火下限和着火上限。在低于爆炸下限时不爆炸也不着火；在高于爆炸上限不会发生爆炸，但会着火。这是由于前者的可燃物浓度不够，过量空气的冷却作用，阻止了火焰的蔓延；而后者则是空气不足，导致火焰不能蔓延的缘故。下面通过可燃气体爆炸极限理论方法，计算西峰低渗透油藏伴生气的爆炸上限和爆炸下限。

1. 可燃气体爆炸极限的理论计算方法

单组分气体混合物(如甲烷与空气混合)的爆炸极限的计算公式为：

$$C_{\mathrm{L}} = \frac{100}{4.76(N-1)+1} \tag{9-1}$$

$$C_{\mathrm{U}} = \frac{400}{4.76N+4} \tag{9-2}$$

式中　C_{L}——单组分可燃性气体的爆炸浓度下限,%；

C_{U}——单组分可燃性气体的爆炸浓度上限,%；

N——混合物完全燃烧所需氧原子数。

根据单组分混合物的爆炸极限公式可计算出以下几种单组分烷烃在空气中的爆炸极限，计算结果如表9-1所示。

表 9-1　部分烷烃在空气中的爆炸极限

名　称	爆炸下限 C_L/%	爆炸上限 C_U/%
甲烷	6. 54	17. 36
乙烷	3. 38	10. 72
丙烷	2. 28	7. 75
丁烷	1. 72	6. 07
戊烷	1. 38	4. 99

对多组分气体(如天然气)来说，其爆炸极限介于单组分极限值之间，估算公式为：

$$C_{min}=\frac{100}{\frac{V_1}{C_1}+\frac{V_2}{C_2}+\cdots+\frac{V_n}{C_n}} \tag{9-3}$$

式中　C_{min}——多组分可燃性混合物的爆炸极限,%；

V_i—i 组分在混合气体中的体积百分数,%；

C_i—i组分气体的爆炸界限,%。

2. 西峰油田低渗透油藏伴生气爆炸极限计算

根据公式(9-1)~公式(9-3)可计算西峰油田低渗透油藏伴生气与空气混合的爆炸极限，其组成如表 9-2 所示。

表 9-2　西峰低渗透油藏伴生气组成表

组分百分含量/%										
CO_2	N_2	CH_4	C_2H_6	C_3H_8	iC_4H_{10}	nC_4H_{10}	iC_5H_{12}	nC_5H_{12}	iC_6H_{14}	nC_6H_{14}
0. 03	2. 25	52. 08	12. 40	19. 15	3. 40	6. 94	1. 51	1. 53	0. 45	0. 23

根据西峰油田低渗透油藏伴生气组分，按照可燃气体爆炸极限计算方法，求出西峰油田低渗透油藏伴生气爆炸极限理论值，计算结果如表 9-3 所示。

表 9-3　西峰油田低渗透油藏伴生爆炸极限理论计算值

名　称	爆炸下限/%	爆炸上限/%
伴生气	3. 31	10. 99

二、天然气的临界含氧量和安全含氧量分析

临界氧含量是指当给以足够的点燃能量能使某一浓度的可燃气体刚好不发生

燃烧爆炸的临界最高氧浓度，即为爆炸与不爆的临界点。若氧含量高于此浓度，便会发生燃烧或爆炸，氧含量低于此浓度便不会发生燃烧或爆炸。对于某一浓度的可燃气体可能会发生燃烧爆炸，但是若氧含量低于此浓度则对任意浓度的可燃气体都不会发生燃烧或爆炸。通常最低临界氧含量即为安全含氧量。可燃气体的临界含氧量可由经验公式进行计算，当可燃性气体（液体蒸气）与氧气发生完全燃烧时，化学反应式为：

$$C_nH_mO_\lambda + \left(n + \frac{m - 2\lambda}{4}\right)O_2 \Leftrightarrow nCO_2 + \frac{m}{2}H_2O \tag{9-4}$$

式中　n——碳的原子数；

m——氢的原子数；

λ——氧的原子数。

在可燃性气体（液体蒸气）体积分数为爆炸下限 L 时，此时反应为富氧状态，若体积分数为 L，理论临界氧含量（也叫理论最小氧体积分数）为：

$$C(O_2) = L\left(n + \frac{m - 2\lambda}{4}\right) = LN \tag{9-5}$$

式中　$C(O_2)$——可燃性气体（液体蒸气）的理论临界氧含量，%；

L——可燃性气体（液体蒸气）的爆炸下限，也为其体积分数，%；

N——每摩尔可燃气体（液体蒸气）完全燃烧时所需要的氧分子个数。

由公式（9-4）、公式（9-5）可以求出甲烷的安全临界氧含量为 13.08%。根据西峰油田低渗透油藏伴生气组分分析表，可以归纳出天然气完全燃烧的化学反应方程式为：

$$C_{1.9497}H_{5.8532} + 3.162450_2 = 1.9497CO_2 + 2.9266H_2O \tag{9-6}$$

根据公式（9-4）~公式（9-6）可求出西峰油田低渗透油藏伴生气临界氧含量为 10.4675%，即为西峰油田低渗透油藏伴生气的安全含氧量。根据空气泡沫驱油实验可知在实验条件下空气泡沫驱油气体突破时，气体中的氧含量仅为 1%左右，远低于西峰油田低渗透油藏伴生气的临界氧含量 10.4675%。西峰油田低渗透油藏采用菱形反九点井网，生产井与注入井之间的距离为 500m 左右，这就给注入的气体提供了与储层中原油长时间接触与反应的良好条件，空气中的氧气与原油接触和反应的时间为数月或者更长，同时在生产井周围随压裂支撑剂敷设有耗氧催化剂。因此，注入空气中的氧浓度随着井距的增加将逐渐降低，可以预测在 70℃ 的地层温度下、低压差注入时，空气中的氧几乎可以被完全消耗掉，产出井不会发生爆炸事故。

三、注采井动态监测方案

动态监测的目的是及时准确得到注入井井口压力、生产井产液、含水及地下油气水等流体物性、地层压力和产出气体组分等动态资料，防止气窜及可能出现的安全隐患。采取以下措施进行注采井动态检测：

(1)注入空气和发泡剂溶液的流量每小时录取一次。

(2)注入施工过程中的泵压每小时录取一次；注入井井口油压、套压每小时录取一次。

(3)注入井对应的受效井在注入施工半个月前每天对产液量计量一次，每两天做一次含水分析，了解单井及井组准确的产液、含水资料以便进行效果对比。

(4)注入井注入发泡剂或空气后，对应受效井每天录取产液和含水资料。

(5)注入施工前每一个生产井进行一次套管气组分分析。

(6)施工后对生产井套管气进行含氧量和组分分析，含氧量分析使用便携式检测仪四小时检测一次，五天进行一次气体组分分析以了解低温氧化情况。

(7)选择一口生产井每月进行一次原油组分和原油全烃色谱分析，了解原油组分变化。

四、采取的相关安全和防腐措施

目前关于注空气过程中的安全和防腐措施国内外已有了成熟的技术。在现场试验过程中，注意以下防护措施的严格执行：

(1)明确规定各种设备和电器等操作方法。对于各种设备要加强管理，严格纪律，加强职工责任心。定期巡检，及时调整，制定严格的操作规程及检查制度，要求操作人员能够对一般的设备故障进行判定和处理。

(2)对注气管线进行内部涂层，防止内部生锈，减少锈皮与高速流动的空气摩擦产热，尽量减小注气管线的拐弯，管道连接应采用焊接，管道与设备、阀门和附件的连接处可采用法兰或螺纹连接。

(3)防止由于润滑剂或润滑剂沉积造成压缩机和管线内的爆炸。施工时采用较为稳定的合成双酯润滑剂，并且对管道内形成的润滑油沉积进行及时或定期清除。

(4)对注气井的压力、温度、注入量进行严格监测，采用气密封封隔器和回流阀控制空气或油气回流。

(5)地面安装除正常工作空气压缩机组外，还应备用一套空气压缩机组，一旦工作中的空气压缩机组出现故障停机就立即启动备用空气压缩机组工作，或者通过活塞泵向井内泵入氮气、水或2%的氯化钾水溶液，将剩余的空气推入地层，以阻止油气回流。

(6)为防止由于氧气突破造成生产设施内爆炸，对生产井应进行气体在线检测分析。采用与现场自动化防控、警报系统相连的氧气探测器监测生产，测试设备中的氧气含量，产出气样定期送往实验室做分析等。

(7)若生产井动态监测过程中发现气窜或氧气含量超标，立即关井。

(8)详细现场实验安全防护措施和安全应急预案，并经权威资质部门审查认定后遵照执行。

为了确保先导试验的安全实施，编写了注空气泡沫现场施工安全实施方案，现场试验严格按照安全实施方案做好施工前的一系列准备工作，做到“安全第一，预防为主”。

参考文献

[1]李道品．低渗透油田高效开发决策论[M]．北京：石油工业出版社，2003：21~22.

[2]王道富，朱一吾，李忠兴．鄂尔多斯盆地低渗透油气田开发技术[M]．北京：石油工业出版社，2003：8~9.

[3]袁旭军，叶晓端，鲍为，等．低渗透油田开发的难点和主要对策[J]．钻采工艺，2006，29(4)：31~32.

[4]黄海，刘易非，蒲春生．利用气体性质提高低渗透油田的原油采收率[J]．西安石油大学学报.2007，22(S1)：100~101.

[5]延吉生，孟英峰．我国低渗透油气资源开发中的问题和技术需求[J]．西南石油学报，2004，26(5)：46~50.

[6]黄昌武．长庆油田成为中国重要油气产区[J]．石油勘探与开发，2006，33(2)：188.

[7]王小琳，武平仓，韩亚萍，等．西峰油田长8层注水现状及投注措施效果[J]．石油勘探与开发，2008，35(3)：344~348.

[8]张旭，刘建仪，等．注空气低温氧化提高轻质油气藏采收率研究[J]．天然气工业，2004：78~80.

[9]闫凤平，杨兴利，等．空气泡沫驱提高特低渗透油田采收率效果分析[J]．延安大学学报(自然科学版)，2008，27(4)：58~60.

[10]张旭，刘建议，易洋，等．注气提高采收率技术的挑战与发展-注空气低温氧化技术[J]．特种油气藏，2006，13(1)：6~9.

[11]郭万奎，廖广志，邵振波，等．注气提高采收率技术[M]．北京：石油工业出版社，2003，68~74.

[12]娄兆彬，杨朝光，王志鹏．中原油田高压低渗油藏注氮气效果及其分析[J]．西部矿探工程，2005，105：64~65.

[13]杨斌，张茂林，梅海燕，等．马36油藏(氮)气水交替非混相驱数值模拟研究[J]．特种油气藏，2002，9(5)：3~36.

[14]赫恩杰，蒋明，徐爱云，等．任11井山头注氮气可行性研究[J]．新疆石油地质，2003，24(4)：325~328.

[15]蒋有伟，张义堂，刘尚奇，等．低渗透油藏注空气开发驱油机理[J]．石油勘探与开发，2010，37(4)：471~476.

[16]于洪敏，任韶然，杨宝泉，等．低渗透油藏注空气低温氧化数值模拟研究[J]．西南石油大学学报(自然科学版)，2008，30(6)：117~120.

[17]陈辉．非均质油藏特高含水开发期空气泡沫驱实验研究[J]．山东大学学报(工学版)，2011，41(1)：120~125.

[18]李松林，王东辉，陈亚军．利用高压注空气技术开发低渗透轻质油油藏[J]．特种油气藏，2003，10(5)：35~37.

[19]王杰祥，徐国瑞，付志军，等．注空气低温氧化驱油室内实验与油藏筛选标准[J]．油气地质与采收率，2008，15(1)：69~71.

[20]Moore R G，Mehta S A. A guide to high pressure air injection (HPAI) based oil recovery[C]. SPE75207，2002.

[21]冯宝峻，芦文生．正韵律厚油层注气效果的数值模拟研究[J]．大庆石油地质与开发，1986，5(1)：44~47.

[22]秦佳，周亚玲，王清华，等．注空气轻质原油低温氧化油气组分变化研究[J]．大庆石油地质与开发，2008，27(5)：111~113.

[23]Gillham T H，Cerveny B W，Turek E A. Keys to increasing production via air injection in Gulf Coast light oil reservoirs[C]. SPE 38848，1997.

[24]Fassihi M R，Gillham T H. The use of air injection to improve the double displacement processes [C]. SPE 26374，1993.

[25]Greaves M，Ren S R，Xia T X，et al. New air injection technology for IOR operations in light and heavy oil reservoirs[C]. SPE 57295，1999.

[26]Fassmi M R，Ynnnimaras D V，Kumer V K. Estimation of recovery factor in light-oil air injection projects[J]，SPE，August 1997：173~178.

[27]M R Fassihi，Meyers. Low-temperature oxidation of viscous crude oils[C]. SPE Reservoir Engineering，1990：609.

[28]V k Kumar，D Gutierrez. Case History and Appraisal of the West Buffalo Red River Unit High-Pressure Air Injection Project[C]. SPE107715，2007.

[29]Moore，Mehta. A Guide to High Pressure Air Injection (HPAI) Based Oil Recovery[C]. SPE75207，2002.

[30]Mrldul. A Cross-Sectional Simunlation of West Heidelberg In-siut Combustion Project [C]. SPE27792，1995.

[31]M R Fassihi，D V Yannimaras. Estimation of Recovery Factor in Light-Oil Air-Injection Projects [C]. SPE16742，1991.

[32]M R Fassihi. Improved Phase Behavior Representation for Simulation of Thermal Recovery of Light Oils[C]. SPE24034，1992.

[33]B C Watts，T F Hall. The Horse Creek Air Injection Project：An Overview [C]. SPE38359，1997.

[34]C Clara，V Zelenko. Appraisal of the HORSE CREEK Air Injection Project Performance [C]. SPE49519，1998.

[35]C A Glandt，R Pieterson. Coral Creek Field Study：A Comprehensive of the Potentialof High-Pressure Air Injection in a Mature Waterflood project[C]. SPE52198，1998.

[36]Greaves M, Mahgoub. 3D Physical Model Studies of Air Injection in a Light Oil Reservoir Using Horizontal Wells[C]. SPE37154, 1996.

[37]V k Kumar, D Gutierrez. Case History and Appraisal of the West Buffalo Red River Unit High-Pressure Air Injection Project[C]. SPE107715, 2007.

[38]V k Kumar, D Gutierrez. Air Injection and Waterflood Performance Comparison of Two adJacent Units in Buffalo Field: Technical nalysis[C]. SPE99454, 2006.

[39]A T Turta, A K Singhal. Reservoir Engineering Aspects of Oil Recovery from Low Permeability Reservoirs by Air Injection[C]. SPE18841, 1998.

[40]T H Gillham, B W Cerveny. Key to Increasing Production Via Air Injection in Gulf Coast light Oil Reservoirs[C]. SPE38848, 1997.

[41]T H Gillham, B W Cerveny. Low Cost IOR: An Update on the W. Hackberry Air Injection Project [C]. SPE39642, 1998.

[42]M L Fraim. Laboratory testing and simulation results for high pressure air injection in a water-flooded North Sea oil reservoir[C]. SPE38905, 1997.

[43]L A Asetunji. Light-Oil Air-Injection Performance: Sensitivity to Critical Parameters[C]. SPE96844, 2005.

[44]C Clara. Laboratory Studies for Light Oil Air Injection Project[C]. SPE54377, 1999.

[45]M W Duiveman. Integrated Management of Water, Lean, Gas, and Air Injection: The Successful Ingredients to EOR Projects on the Mature Handil Field[C]. SPE93858, 2005.

[46]M Pascual. Air Injection Into a Mature Waterflooded Light Oil reservoir: Laboratory and Simulation Results for Barrancas Field, Argentina[C]. SPE94092, 2005.

[47]T Termoto. Air Injection EOR in highly water saturated Light-Oil reservoir[C]. SPE100215. 2005.

[48]黄建东，孙守港，等．低渗透油田注空气提高采收率技术[J]．油气地质与采收率，2001，8(3)：79~81.

[49]张景存，张富学，等．正韵律油层注水开发后期注空气矿场试验[J]．石油勘探与开发，1985，4：43~46.

[50]李松林，陈亚平，等．轻质油油藏注空气实验研究[J]．西安石油大学学报(自然科学版)，2004，19(2)：27~30

[51]翁高富．百色油田上法灰岩油藏空气泡沫驱油先导试验研究[J]．油气采收率技术，1998，5(2)：6~10.

[52]齐笑生，汪斌，等．中原油田高含水轻质油藏注空气提高采收率技术探讨[J]．断块油气田，2005，12(2)：83~86.

[53]杨占红，刘滨等．吐哈盆地轻质油藏注空气开发机理研究[J]．吐哈油气，2005，10(4)：338~340.

[54]杨占红，徐冰涛，等．吐哈盆地鄯善油田轻质油藏注空气开发机理研究[J]．油气地质与采收率，2005，12(1)：68~72.

[55]徐冰涛，杨占红，等．吐哈盆地鄯善油田注空气实验研究[J]．油气地质与采收率，2004，

11(6)：56~70.

[56]王杰祥，张琪，等. 注空气驱油室内实验研究[J]. 石油大学学报(自然科学版)，2003，27(4)：23~74

[57]于洪敏，任韶然，等. 中原油田空气泡沫调驱提高采收率技术[J]. 石油学报，2009，30(3)：414~416.

[58]王杰祥，来轩昂，等. 中原油田注空气气驱试验研究[J]. 石油钻探技术，2007，35(2)：6~8.

[59]赵斌，高海涛，等. 中原油田注空气提高采收率潜力分析[J]. 油气田地面工程，2005，24(5)：22~23.

[60]Fried A N. The Foam-Drive Process for Increasing the Recovery of Oil. USBM，1961.

[61]马宝岐，詹少淮. 泡沫特性的研究[J]. 油田化学. 1990，(4)：334-338

[62]廖广志，李立众，等. 常规泡沫驱油技术[M]. 北京：石油工业出社，1999.

[63]李娜. 孤东油田空气泡沫驱提高采收率技术研究[D]. 东营：中国石油大学(华东)，2009：5~6.

[64]JohnH. Platform Re-Design for CO_2 Re-injection：Process and Safety Engineering Challenges[C]. SPE125054. 2009.

[65]E J Manrique. EOR Field Experiences in Carbonate Reservoirs in the United States[C]. SPE 100063. 2006.

[66]A R Awan. A Survey of North Sea Enhanced-Oil-Recovery Projects Initiated During the Years 1975 to 2005[C]. SPE 99546. 2008.

[67]Krause R E. Foam Treatment of Producing Wells To Increase Oil Production at Prudhoe Bay[C]. SPE 24191. 1992.

[68]刘易非，范耀，黄海. 西峰油田注水压力回升及对策分析[Z]. 西安：西安石油大学，2005，20~25.

[69]中华人民共和国石油天然气行业标准：SY/T 6285—1997 油气储层评价方法[S].

[70]陈杰，周改英，赵喜亮，等. 储层岩石孔隙结构特征研究方法综述[J]. 特种油气藏，2005，12(4)：11~14.

[71]中华人民共和国石油天然气行业标准：SY/T0600—2009 油田水结垢趋势预测[S].

[72]万仁溥. 采油工程手册(精要本)[M]. 北京：石油工业出版社. 2003：245~249.

[73]王世强，王笑菡，王勇. 油田结垢及防垢动态评价方法的应用研究[J]. 中国海上油气(工程). 1997，9(1)：39~48.

[74]中华人民共和国技术标准：GB/2538—1988 原油实验法[S].

[75]中华人民共和国石油天然气行业标准：SY/T 0541—1994 原油凝点测定法[S].

[76]中华人民共和国石油天然气行业标准：SY/T 7549—2000 原油黏温曲线的确定 旋转黏度计法[S].

[77]中华人民共和国石油天然气行业标准：SY/T 0522—1993 原油析蜡点测定 旋转黏度计法[S].

[78]中华人民共和国石油天然气行业标准：SY/T 0522—1993 原油析蜡点测定 旋转黏度计法[S].

[79]中华人民共和国石油天然气行业标准：SY/T 5107—2005 水基压裂液性能评价方法[S].

[80]中华人民共和国石油天然气行业标准：SY/T 5345—2007 岩石中两相流体相对渗透率测定方法[S].
[81]何更生. 油层物理[M]. 北京：石油工业出版社，1994，192~245.
[82]陈馥，李钦. 压裂液伤害性研究[J]. 天然气工业，2006，26(1)：109~111.
[83]中华人民共和国石油天然气行业标准：SY/T7502—99 油田气组成分析低温冷凝取样色谱分析法[S].
[84]中华人民共和国石油天然气行业标准：SY/T5119—2008 岩石中可溶有机物及原油族组分分析标准[S].
[85]Lukyaa A B，Hughes Millington，A，Priee D. Evaluation of a North Sea Oil for recovery by in situ combustion using high Pressure differential Scannig calorimetry[J]. Chem Eng ResDes，Trans IehemE. 1994，72(A)：163~168.
[86]秦佳，周亚玲，王清华，等. 注空气轻质原油低温氧化油气组分变化研究[J]. 大庆石油地质与开发，2008，27(5)：111~113.
[87]石油和沉积有机质烃类色谱分析方法：SY/T5779—2008[S].
[88]袁恩熙. 工程流体力学[M]. 北京：石油工业出版社，1986，105~107.
[89]中华人民共和国石油天然气行业标准：SY5336—1996 岩心常规分析方法[S].
[90]吕鑫，岳湘安. 空气—泡沫驱提高采收率技术的安全性分析[J]. 油气地质与采收率，2005，12(5)：44~46.

附　　录

计算井筒和地层温度场分布油、水井基本数据：

一、油井相关数据

井　号		西 29-21	
结蜡程度		严重	
日产液量	4.51m^3	套管型号	139.7mm
日产溶解气	106m^3/t	套管钢质	J55
井深	2216m	固井水泥标号	G 级
井底压力	17.4MPa	水泥环外半径	215.9mm
下泵深度	1551.86m	油管型号	73mm
生产层数	单层	油管钢质	J55
生产层压降	—	井底液体原始温度	70℃左右
地温梯度	3℃/100m	井口液体温度	31℃(随季节变化)
井距	520m	储层岩石密度	2.42g/cm^3

井　号		西 29-5	
结蜡程度		严重	
日产液量	4.61 m^3	套管型号	139.7mm
日产溶解气	106m^3/t	套管钢质	J55
井深	2185 m	固井水泥标号	G 级
井底压力	7.9 MPa	水泥环外半径	215.9mm
下泵深度	1481.41 m	油管型号	73mm
生产层数	单层	油管钢质	J55
生产层压降	—	井底液体原始温度	70℃左右
地温梯度	3℃/100m	井口液体温度	31℃(随季节变化)
井距	520m	储层岩石密度	2.42g/cm^3

续表

井　号		西 30-18	
结蜡程度		较严重	
日产液量	5.47 m^3	套管型号	139.7mm
日产溶解气	106m^3/t	套管钢质	J55
井深	2200 m	固井水泥标号	G 级
井底压力	6.1 MPa	水泥环外半径	215.9mm
下泵深度	1657.7 m	油管型号	73mm
生产层数	单层	油管钢质	J55
生产层压降	—	井底液体原始温度	70℃左右
地温梯度	3℃/100m	井口液体温度	31℃(随季节变化)
井距	520m	储层岩石密度	2.42g/cm^3

井　号		西 30-25	
结蜡程度		较严重	
日产液量	14.43 m^3	套管型号	139.7mm
日产溶解气	106m^3/t	套管钢质	J55
井深	2272.0m	固井水泥标号	G 级
井底压力	13.6MPa	水泥环外半径	215.9mm
下泵深度	1094.87 m	油管型号	73mm
生产层数	单层	油管钢质	J55
生产层压降	—	井底液体原始温度	70℃左右
地温梯度	3℃/100m	井口液体温度	31℃(随季节变化)
井距	520m	储层岩石密度	2.42g/cm^3

井　号		西 30-19	
结蜡程度		有结蜡现象	
日产液量	3.41 m^3	套管型号	139.7mm
日产溶解气	106m^3/t	套管钢质	J55
井深	2154 m	固井水泥标号	G 级
井底压力	7.4MPa	水泥环外半径	215.9mm
下泵深度	1579.70	油管型号	73mm
生产层数	单层	油管钢质	J55
生产层压降	—	井底液体原始温度	70℃左右
地温梯度	3℃/100m	井口液体温度	31℃(随季节变化)
井距	520m	储层岩石密度	2.42g/cm^3

续表

井 号		西 30-21	
结蜡程度		有结蜡现象	
日产液量	6.99 m^3	套管型号	139.7mm
日产溶解气	106m^3/t	套管钢质	J55
井深	2195 m	固井水泥标号	G 级
井底压力	15.55MPa	水泥环外半径	215.9mm
下泵深度	709.74 m	油管型号	73mm
生产层数	单层	油管钢质	J55
生产层压降	—	井底液体原始温度	70℃左右
地温梯度	3℃/100m	井口液体温度	31℃（随季节变化）
井距	520m	储层岩石密度	2.42g/cm^3

二、水井相关数据

井 号		西 31-14	
日注水量	23m^3	套管型号	139.7mm
注入水温度	22℃左右	套管钢质	J55
井深	2150m	固井水泥标号	G 级
井底压力	41.49 MPa（折算）	水泥环外半径	215.9mm
井距	520m	油管型号	73mm
生产层数	单层	油管钢质	J55
生产层压降	—	储层岩石密度	2.42g/cm^3
地温梯度	3℃/100m		
井 号		西 33-16	
日注水量	34m^3	套管型号	139.7mm
注入水温度	22℃左右	套管钢质	J55
井深	2170m	固井水泥标号	G 级
井底压力	35.49 MPa（折算）	水泥环外半径	215.9mm
井距	520m	油管型号	73mm
生产层数	单层	油管钢质	J55
生产层压降	—	储层岩石密度	2.42g/cm^3
地温梯度	3℃/100m		